創新思考與商業文書撰寫

莊銘國、卓素絹————著　　第三版

五南圖書出版公司 印行

作者序——莊銘國

筆者的黃金歲月 26 年都是在企業度過的,擔任各部門經理,而後晉升為副總經理、總經理。在職中推出許多良法美意,績效斐然。有幸在 1984 年當選第二屆國家十大傑出經理,公司也在 1996 年榮獲國家品質獎,團結圈 (QCC) 全國金塔獎數次及日本 PM 優秀賞等。

回首這段披荊斬棘的日子,所謂月亮當太陽,下雨當沖涼,女人當男人用,男人當超人用;曾經意氣風發,登上藍山頂上。在漫長的企業生涯中,人定勝天的贏家少,心酸無奈的眾生多。頻頻回首,記取教訓,並提供經驗和閱歷,讓後來者擁有更多的理想和無數的願景。

「企業」用臺語唸是又「氣」又「夾」,惱人的人事物,剪不斷理還亂。通常碰到問題,可將其分類為:

1. 緊急且重要。要急急如律令,否則會看不到明天的太陽,我們推薦本書的創意思考方法,快刀斬亂麻、立竿見影。
2. 不緊急但重要。如目標、策略,要慎重處理,否則一步錯而全盤輸,建議用 QCC 及水平思考法。
3. 緊急但不重要。如朋友同事之婚喪,可派分身如配偶或部屬代勞。
4. 不緊急且不重要。如理髮行程可以延期,宣傳品可以丟棄。

本書的創意思考手法,曾在服務的健生實業及任職的獨立董事公司推行,有相當成效;且在文官學院及任教的 EMBA 講授,廣受歡迎。至於不緊急但重要的問題解決,則需要花費更多時間(三個月至半年)的 QCC 及運用更多人力(約 20～30 人)的水平思考法,期待未來能有機緣出版此類書籍。

莊銘國

作者序——卓素絹

創意掛帥的年代

這是一個創意掛帥的年代！若能在我們的生活中增添創意，就會帶來一日的小確幸，讓平凡無奇的生活帶來樂趣；若能在工作團隊中增加一些小創意，就能讓枯燥無味、日日重複的事物帶來新鮮的氣息，說不定會讓工作效率更加提升呢！

中國詩詞闡述了創意醞釀的心路歷程

什麼是創意呢？一般人對它都有如下的疑惑：創意可以經由後天的訓練培養嗎？創意是來自西方的現代腦部科學嗎？其實，中國詞學大師王國維在《人間詞話》引用了三段詞語，正可以說明我們在從事創意思考時，腦部所經歷的三階段歷程：

第一階段是尋找創意的過程：「昨夜西風凋碧樹，獨上高樓，望盡天涯路」，這段話說明了我們一旦決心要進入創意的領域，那是極辛苦、孤獨的路程，不但要遠離人群、遠離歡樂的事物，更要孤獨地進入自己極專業的領域去探險。

第二階段是「衣帶漸寬終不悔，為伊消得人憔悴」，正是用來說明，創意醞釀的過程是極其艱辛的，需要有過人的毅力，不但是廢寢忘食，甚至會形容枯槁、憔悴不堪。

到了創意的第三階段是「眾裡尋他千百度，驀然回首，那人卻在燈火闌珊處」，這段話是說明從事創意思考最令人驚喜的時刻。當我們絞盡腦汁、腸枯思竭、精疲力盡，感覺自己這趟創意探險之路可能宣告失敗的當下，失望地轉個身後，突然發現答案竟然就在自己身邊不遠處，那個燈光

昏暗的角落！

　　什麼是創意？它是經由腦部不斷自我訓練、摸索、歷經千山萬水後，一段又一段的精彩旅程；它是跨越東方、西方，更是跨越古代、現代，是亙古以來，人類腦部智慧一次又一次進步的歷程。因此我們可以說創意是透過不斷地自我訓練達到更好的狀態，創意是不斷地藉由自己在生活中提取的養分，開放出更專業、更精緻的花朵。

創意思考術、專業基礎、自身文化、用心生活

　　創意路徑既然有跡可循，那麼透過密集創意思考技術的訓練，對我們的創意思考是極有幫助的，因此本書介紹了創意思考領域中著名的思考技術：曼陀羅思考術、心智繪圖法、KJ 法與區塊法、萃智法、類比法、加減乘除法，最後再運用這些創意思考技術，融合到企劃書寫作。

　　不過這些創意思考技術畢竟是藉由外界暫時性的刺激，加上當時受訓者的心理正處於學習新鮮亢奮期，所以在訓練初期會有顯著的成效，但要讓創意思考源源不絕、不間斷地萌芽，最重要的是要花更多時間與心力耕耘自身的專業基礎，多運用觀察力、想像力體會生活，涵養自身的文化素質，才能培養出屬於自己獨樹一格的眼光，創意的種子才能茁壯成樹。

創新思考與商業文書撰寫

　　應用文書是嚴謹、專業的文體，而商業文書隸屬於應用文，除了需具備嚴謹、專業等特點，還得挑戰商業節奏瞬息萬變、人事關係豐富等多重關鍵，因此要能寫出優秀實用的商業文書，應具備應用文書的基礎功，還要加上靈活彈性的創新思考能力，如此必能發揮加乘效果，馳騁商場！

　　本書分為兩大部分，第一部分是創新思考理論篇，收錄了七個篇章，分別是：「創意、創新與創造」、「創意思考法與曼陀羅運用」、「心智

繪圖法」、「KJ法與區塊法」、「萃智法」、「類比法」、「加減乘除法」。

　　第二部分是應用篇，將創新思考法應用於商業文書寫作，共收錄六個篇章，分別是：「寫出創意力、企劃力與執行力的企劃書」、「小組共寫心得報告——以九宮格為討論工具」、「用九宮格及心智圖小組共寫活動企劃書」、「個人履歷自傳寫作——以焦點討論法組成專家小組」、「水平思考與職場人際應對及通訊禮儀」、「六項思考帽與存證信函寫作」。將商業文書中最基礎的五種文體：企劃書、心得報告、履歷自傳、通訊禮儀（傳統書信、E-Mail、簡訊、FB、LINE）、存證信函，結合不同的創新思考法進行寫作，除了有耳目一新的效果，最主要是希望能帶領讀者一起貼合並穿越真實職場，發揮商業文書效益。

　　希望您喜歡這本書的寫作內容，更希望透過逐步閱讀與練習，讓我們一起提升創新思考與商業文書寫作功力！

素絹 於 2022 年 9 月

作者序——莊銘國 iii

作者序——卓素絹 iv

理論篇

Chapter 1　創意、創新與創造 **003**

一、創意、創新到創造的差別 004

二、阻礙創新、創意的各項原因 006

三、克服創新與創意的阻礙 007

四、將創意、創新發揮到市場的成功案例 014

創意學習誌 016

Chapter 2　創意思考法與曼陀羅運用 **019**

一、創造性問題解決法 CPS (Creative
　　Problem Solving) 介紹 020

二、創造性問題解決法 CPS——聚斂式思考法
　　「曼陀羅」（九宮格） 024

三、曼陀羅（九宮格）思考圖在日記的運用 029

四、曼陀羅思考術延伸 031

TENTS

創意學習誌 049

Chapter 3 心智繪圖法 **051**
一、心智繪圖法介紹 052
二、心智繪圖範例——手機功能擬定 053
三、心智圖的步驟與原則 056
四、心智繪圖法延伸——申論題考試的快速
　　記憶 057
五、心智繪圖法延伸——暑假花東旅遊規劃 059
六、心智繪圖法延伸——陳基正二手衣王國的
　　成功模式 070
創意學習誌 075

Chapter 4 KJ 法與區塊法 **077**
一、KJ 法 078
二、區塊法 092
創意學習誌 095

Chapter 5　萃智法　　　　　　　　　　　　**097**

一、萃智法 (TRIZ) 介紹　　　　　　　　　　098

二、運用萃智法的「分離概念」解決問題　　102

三、萃智法與四十項發明所運用的概念

　　(40 Inventive Principles)　　　　　　106

四、萃智法與四十項發明概念的多重運用　117

五、萃智法運用在行銷實例　　　　　　　118

創意學習誌　　　　　　　　　　　　　　121

Chapter 6　類比法　　　　　　　　　　　　**123**

一、類比法 (Method of Analogy) 介紹　　　124

二、發展類比法的要訣　　　　　　　　　129

三、類比法在管理學中的運用　　　　　　135

四、類比法運用到各行各業的著名例子　　138

五、類比法運用在餐飲經營　　　　　　　141

創意學習誌　　　　　　　　　　　　　　143

TENTS

Chapter 7　加減乘除法　　**145**

一、加減乘除法介紹　　146

二、5W2H 與加減乘除法思考架構　　149

三、加減乘除法思考架構實際運用案例　　152

創意學習誌　　167

應用篇 ───────────────

Chapter 8　寫出創意力、企劃力
　　　　　　　與執行力的企劃書　　**171**

一、企劃書寫作基本格式　　173

二、運用創意思考法進行企劃書寫作範例　　183

三、企劃書得獎作品──從創新力、企劃力
　　到執行力　　224

創意學習誌　　242

Chapter 9　小組共寫心得報告
　　　　　　——以九宮格為討論工具　245

一、心得報告寫作重點　　　　　　　　　　247

二、小組集思廣益寫心得報告　　　　　　　248

三、小組共寫「命運好好玩」影片心得報告的具體
　　作法　　　　　　　　　　　　　　　　249

Chapter 10　小組共寫活動企劃書
　　　　　　　——用九宮格及心智圖　257

一、企業對新進員工在技能與態度的建議　　259

二、用九宮格（曼陀羅）及心智圖作為小組討
　　論工具　　　　　　　　　　　　　　　260

三、企劃書範例　　　　　　　　　　　　　264

　　範例一　「眷」永文化——繪出元宵，點亮希
　　　　　　望之燈活動企劃書　　　　　　265

　　範例二　「臺中在地美食」大會串：我的專屬
　　　　　　美食 APP 企劃書　　　　　　285

TENTS

**Chapter 11　個人履歷自傳寫作——以焦點
　　　　　　　討論法組成專家小組　301**

一、撰寫履歷自傳的盲點　　　　　　　303

二、同儕團體深入根源，共同撰寫　　　303

**Chapter 12　水平思考、職場人際應對
　　　　　　　與通訊禮儀　313**

一、水平思考　　　　　　　　　　　315

二、職場通訊禮儀　　　　　　　　　321

Chapter 13　六頂思考帽與存證信函寫作331

一、六頂思考帽創意思考法　　　　　333

二、存證信函　　　　　　　　　　　343

三、用六頂思考帽解決租屋糾紛　　　349

理論篇

Chapter 1

創意、創新與創造

一、創意、創新到創造的差別

英國創意文化與教育中心 (Creativity Culture & Education, CCE) 曾經做過創意與職業的調查，學者們針對 2,500 多所學校的研究估計，提出一個令人震撼的訊息：目前還在求學的孩子，畢業後所從事的工作有 60% 還沒有被發明。

創意發想並不難，我們的右腦即負責創意發想的功能，只要經過一定的方法引導、訓練，新穎的點子或構想就能源源不絕的產生。

不過創意並不能等同於創新，除非這個創意的點子能產生利基點，發揮商業價值。首先我們要先檢視這個創意點子是否能滿足客戶的潛在需求，或是在現行技術與資源條件的配合下，可以將這個創意點子變成商品或服務的一部分，並能夠獲取利潤，因此我們可以很實際地說，具有商業價值的創意才能叫做創新。

最後一階段即是創造，我們可以將之理解為創造出一個新的事業體系，或是進入內部創業階段，這也是最艱難的一部分。創意點子雖然通過創新階段，能上市獲利，但如果這個創新的商品無法有效建立防止對手模仿的機制，創新商品一旦輕易地被對手抄襲模仿，落入惡性價格戰爭，靠著創意與創新的新事業體就會面臨經營危機。

創造、內部創業

創新商品

創意點子

若以創意、創新到創造（內部創業）三階段來作完整思考，就可以明白為什麼初步的創意發想不難，可是要到達真正具備商業價值的第二階段（創新發明）數量不高的原因了，而能進入第三階段（創造及內部創業）的比例更是少之又少。

二、阻礙創新、創意的各項原因

　　既然創新、創意如此重要，為什麼不論是在個人或是在企業中，依舊有思慮僵化的問題？

　　阻礙企業創新的藉口最常見的分別是：「現在的景氣、政策很不好」、「整個業界的狀況都不好」、「我們公司規模太小了」、「營業地點不好」、「都是大企業、大型店害的」。祭出這五個藉口後，我們似乎再也不用背負任何責任，更不需要去做任何創新改良計畫了。

　　而個人創新不足的問題可以歸納為知識能力、專業能力不足，或是心智慣性的問題。個人知識能力不足時，常會看到「大家都這麼說」、「大家都這麼做」，就認為既然大家都這樣，也代表一種安全感，當然就不會再重新思索問題，再提出改良與創新的方法了。另外一種侷限於個人專業能力不足，導致缺乏創新能力的部分是無法預測產品、技術、市場、風險的變化，甚至對問題產生錯誤判斷，做出緣木求魚、毫無效果的努力。

　　至於心智慣性問題，也就是來自於個人生存環境、信仰價值，包含文化背景、成長背景，甚至只相信客觀資料的邏輯分析，或是習慣依循自己過去的經驗及固定觀念、一直想要複製過去的成功經驗，這些都會導致創新、創意受到阻礙，無法讓個人的創意有效運作。

三、克服創新與創意的阻礙

(一) 找對地點，尋找創意

在日本，創新思維就是 3B、3W。3B 就是 Bus、Bed、Bath；而 3W 就是 WC、Walk、Waltz 的簡稱。在日本人心中，有幾個地方是培養創意點子的地方，分別為：公車上、床鋪、浴室、廁所、聽音樂時，甚至一個人在步行當中也是訓練自己創意思考的好時機！

知名作家松本清張，習慣在電車中構想小說情節；日本第一位諾貝爾獎得主湯川秀樹也不遑多讓，他習慣在床上思考；而對建築家菊竹清訓來說，睡眠前是他醞釀靈感的最好時間，床對他來說就是最佳「創意場所」了。

除了日本人知道 3B、3W 是培養創新思維最佳場所，就連西方人也是箇中高手呢！著名的推理小說家阿嘉莎・克莉絲蒂，喜歡一邊泡澡一邊吃蘋果，來幫助思考；另外一個著名的例子是古希臘名人阿基米德，他是在泡澡時建構出「浮力原理」。

不只是重視時間管理的日本人、西方人善於利用時間與空間發揮創意，其實遠在中國宋代時，政治家歐陽修也提出了相似的看法。歐陽修身兼大文豪、歷史學家等多重身分，他如何優游於多重領域後，又能發揮創意，寫出流傳千古的文章呢？歐陽修自己這麼回答：「平生所作文章，多在三上，乃馬上、枕上、廁上，蓋惟此尤可以屬思爾。」

其實「馬上」就是善用搭乘交通工具的時間，「枕上」就是「床上」，人們在睡前或睡醒時，從潛意識中會有靈感源源不絕出現，只要懂得抓取記錄，往往可以發揮事半功倍的效果，而廁所、浴室是個人極私密的時間和空間，若能善加運用並做好記錄，也是增加創意、靈感最好的時機點。至於「圖書館」就是知識寶庫，多入寶山，一定多少可以增加財富收入；多閱讀書籍、涉獵知識，也可以增加創意靈感。

該如何孵出創意呢？探討了這麼多關於培養創意的最佳場所，其實培養創意最佳角落不能是僵化的固定答案，對每個人來說，只要能好好觀察

自己，就會發現自己最容易產生靈感的地方在何處，那個地方就是自己最好的「創意場所」。

(二) 個人培養創意的十二把金鑰匙

「創意的十二把金鑰匙」是由陳龍安教授所提出的概念，包括：「認知五力」、「情意四心」、「批判三寶」，這十二項方法就是培養個人創意的最有效訓練方法。

1. 培養創造力的「認知五力」

要提升個人的創造力，一定要先了解認知五力，這五力包含：敏覺力、流暢力、變通力、獨創力、精密力等。

(1) 敏覺力

敏覺力指的是一個人能夠對周遭事物有敏銳覺察的能力，具有發現缺漏、能注意到別人所沒注意的、明察秋毫、觀察入微、見微知著的能力，也就是對問題或事物具有敏感度，能觀察到事物彼此間的關聯性，更能發現事物在改變時的徵兆。

(2) 流暢力

流暢力就是能在短時間裡，想出多項可能性答案的能力，也就是面對問題時，可以流暢、正確地做出反應，而且可以如行雲流水般，滔滔不絕、思路通暢地提出各種創意點子來解決問題。

(3) 變通力

所謂變通力指的是一個人具有舉一反三、觸類旁通、隨機應變的能力。窮則變，變則通，在面對問題時，只要先改變觀念、事物與習慣，讓思緒以不同途徑，或以迂迴改道而行等新方法去面對問題，都有可能產生新的契機。

(4) 獨創力

獨創力就像是萬綠叢中一點紅、物以稀為貴的概念，想一想，遇到問

題時我們是否能做出不尋常、不同以往的反應？新穎的想法，或是有令人耳目一新的作法出現時，總是會博得更多的關注，或是贏得更多的機會。

(5) 精密力

精密力就是類似精益求精、錦上添花、百尺竿頭更進一步的概念，我們可以藉由將原來事物重新做修飾、擴展或引申的方式，在原來的觀念、作法上，再添加新觀念進來，也就是藉著局部修飾的本領，再多花些心思將原有的基礎去做加工，讓新產品更精緻化或是更強化。

2. 培養創造力的「情意四心」

如何培養自己更具創意、創新能力？當我們觀察孩子專注地遊戲時，是可以得到一些領悟的。當孩子以自由自在、遊戲的心情投入樂高積木遊戲時，他們嘗試各種可能與各種錯誤，忍受著渾沌與矛盾的存在，並試著從各種不同方式中找尋最小阻力、最適合的方法，甚至只是為了找到最搞怪、最有趣的方式而已。若我們也能像玩樂高積木的孩子一樣，保持著高昂的興致，不斷嘗試新方法，就能培養出一種「細膩而有恆」的創意、創新思考的習慣了。

從這裡，我們歸納出創造力的「情意四心」，主要包含：想像的心、挑戰的心、好奇的心、冒險的心。

(1) 想像的心

想要獲得好的創意點子，就要勇於想像，當我們可以看到心中的藍圖愈來愈具體、愈來愈清晰，表示我們在現實的世界中，愈來愈有能力將它創造出來，所以愈有能力以視覺的方式將創意概念「看出來」，就愈有能力將想像中的點子「做出來」。

(2) 挑戰的心

當我們腦中有個創意點子出現時，要能面對各種挑戰，並將它呈現出來，這是一段充滿挑戰的艱苦歷程，必須要有能力一次又一次，從雜亂的思緒中將靈光一閃的點子理出一點頭緒，再慢慢組合、串聯、汰去雜質。

(3) 好奇的心

好奇心是最佳救援手，當我們在追求創意過程時遇到困難，是它支撐著我們繼續探索。它會燃起我們追根究柢的鬥志，讓我們樂於在各種良莠不齊、似真似假的意念中穿梭，直到找到真正的創意亮點為止。

(4) 冒險的心

在尋找創意亮點的路上確實一路坎坷，要有一顆勇於冒險的心，才能讓我們勇於面對失敗或批評、敢於面對未知，走過創意過程前面的黑暗摸索路程，才能發現創意新亮點。

3. 培養創造力的「批判三寶」

(1) 分析能力

創意點子不只是天馬行空、天外飛來的靈感而已，它必須透過我們在生活中不斷觀察來做事先的準備。當我們深入去分析一件事物，並找出它的概念或原則，甚至去分析它各個構成的部分，以及找出各部分間相互關係的邏輯性時，我們已經為接下來的創意點子做醞釀和準備的功夫了。

(2) 綜合能力

當我們從日常生活中萃取許多創意點子時，那只是片段概念、知識或原理原則而已，必須再透過綜合能力的運作，讓這些創意點子落實到生活層面，才能變成生活中的一項創新產品或創新流程。

(3) 評鑑能力

從日常生活中萃取出來的創意點子是否適用？該怎麼落實到生活層面？這不但需要綜合能力，我們還必須有能力建立起一套評估標準，可預先評估出創新的產品、創新的流程是否能發揮效益。我們要有做價值判斷的能力，才能讓創意、創新的過程更有效率。

(三) 企業培養創意的方法

1. 熊彼德 (Schumpeter) 五種創新

　　若要提升企業創新能力，就要特別介紹五種創新方式，這是由著名的經濟學大師熊彼得，在 1912 年所提出創新的五種型式，包括：新產品的引進、新生產方法的採用、新市場的開拓、新原料的取得，與新的產業組織的推行。

(1) 新產品的引進

　　比如服裝界引進奈米技術 (Nanotechnology)，透過奈米新技術的運用，可以讓衣服、鞋子、襪子具有防水透氣等新效能。

(2) 新生產方式或新技術的採用

　　比如以太陽能技術來生產新型的節能電動汽車，可以解決高油價問題。

(3) 新的推廣和銷售通路的開闊

　　企業可以透過網際網路銷售產品，或是建立 Facebook 臉書粉絲團、手機 LINE 群組等，結合新科技產品，創造出與顧客更密切交流的行銷平臺。

(4) 新原料的採用或原材料新來源的獲得

　　第一家用牛奶生產奶粉代替母乳的企業，即可大賺嬰幼兒奶粉錢。

(5) 企業採用新的組織架構

　　當企業發生整併潮之後，新的企業體會重新規劃出一套適宜的組織架構，藉由精簡企業人員、讓組織瘦身，來節省人力運作成本。

2. 創意管理的渾沌理論 (Chaos Theory)

　　陳文龍在講究創意、創新的設計管理領域深耕多年後，發展出一個屬於創意、創新的渾沌理論。他發現組織要有次序的運作，並不是讓它以原來的方式運作就好，反而是要讓它注入更多新的元素進去，一開始雖然會

帶來混亂，但是在混亂摸索的過程中，反而可以幫助原來的組織產生新的創意點子、新的次序、新的可能。不只是組織運作如此，和創意、創新息息相關的設計產業更明顯有這樣的現象。

我們可以從下面的概念相關圖來解釋「創意管理的渾沌理論」：

在一個以創意、創新為概念的設計產業裡，每個設計師腦中的創意點子就是看不見的內隱知識，必須時常保持一種創新的活力，那就要靠著適時的變動，製造一場可接受的混亂與矛盾後，創意點子才會再源源不絕產生。另外，「創意管理的渾沌理論」也可以用來解釋組織成員的互動情形。在舊有的組織系統中，團員在工作一段時間後，會產生一定的合作默契，這也代表組織僵化的開始，若加入新成員，或讓不同的組織團員進行交換，產生另一種異質性結合，這新的組織團隊勢必會重新經歷一場混亂與摸索，並在這看似矛盾與渾沌的過程，激發出一種前所未有的創意。

不過在執行力的部分，卻要有不同的思維模式了。當創意、創新的點子需要執行、落實到生活層面時，得依靠一定的規範和秩序，才能如實運作，在執行面若有混亂、變動、矛盾發生，那組織勢必會出現危機，不可不慎。

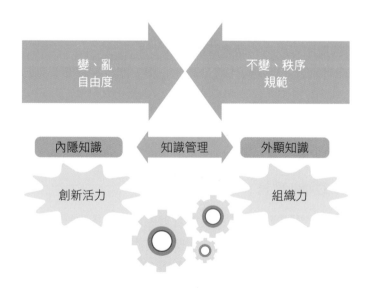

要將創意點子落實到執行面，需要透過組織管理能力來平衡。在創意、創新的渾沌過程中，需要有清晰的管理流程，才能走出一條可行的路徑。

四、將創意、創新發揮到市場的成功案例

(一)《哈利波特》創意、創新的行銷手法

　　J.K. 羅琳的《哈利波特》系列叢書曾經在英國出版過三本，但卻都無聲無息、悄悄地淹沒在一堆新出版的書海中，直到 Scholastic 將它帶到美國出版後，突然間變成了眾人瘋狂搶購的暢銷書籍，為什麼會有如此天壤之別呢？平心而論，《哈利波特》的魔法冒險故事情節並不是最具獨創性，也沒有太多令人驚奇的寫作手法，而《哈利波特》最後能成為出版市場的寵兒，最主要就是得力於在行銷藝術中深具創意、創新的「宣傳炒作」方法。

　　當《哈利波特》系列叢書來到美國休士頓市「藍窗書店」後，書店門面重新做了一番精緻的、以魔法為主題的布置，就連書店老闆和門市人員們都穿起了小巫師的服裝。而在「約瑟夫貝斯書店」，則為了《哈利波特》一書舉辦了午夜魔法聚會，並成功吸引了四千多人參加了這場盛會。另外，在紐約市的某書店有個門市店員，裝扮成書中人物造型，並向排隊的讀者分發各式各樣的謎語、巧克力、乾草棒棒糖和蛋糕，而且書店特別聲明，凡是購買書籍者就可以得到特製的《哈利波特》T-shirt 一件，並且能觀看魔術表演。

　　《哈利波特》系列叢書透過書店的各種活動，吸引了大批群眾，使魔法、冒險題材廣泛地傳播到各個角落去，當紐約市各家書店有排隊人潮，瘋狂搶購《哈利波特》系列叢書時，各大媒體記者也會加以報導，這等於是以免費版面替《哈利波特》做宣傳，自然而然就會吸引更多的人群關注，所有相關媒體明知是在替別人炒作新聞，但是卻又不得不為了「新聞賣點」而自動上鉤。

　　經過這樣的炒作與宣傳，自然會引起電影界的關注，不久華納兄弟公司就主動與作者接觸，並推出《哈利波特》系列影片。《哈利波特》搬上大螢幕之後，也促成了相關產品的開發，如玩具、糖果、收藏卡片及圖像、電子產品等，商家有計畫性地將產品的銷售與電影檔期互相搭配，就

連主流新聞媒體也分文未取地為創造《哈利波特》傳奇發揮了推波助瀾的效果。

　　《哈利波特》先是靠著商業炒作成功的締造銷售佳績，而且在廣告宣傳上所投入的金額都不大，但它運用創意、創新的行銷策略，在市場上出奇致勝，成功獲取廣大讀者。

　　另外，《哈利波特》不只是靠創意行銷炒作的方式竄紅而已，它能持續好久一段時間不退燒，是因為作者在書中也精確地瞄準人性弱點，著力渲染真情回歸，鼓勵父母與子女共同研讀同一本書，進而增進了親子兩代的感情，成為傳遞親情的橋樑。《哈利波特》給了大家這樣的機會，它讓人重拾閱讀的本質，它沒有道德教化，不是知識工具書，單純地讓人看得快樂、興奮，並且讓每個人在現實與想像空間中自由奔放，這應該是《哈利波特》可以風靡全球的魔力所在！

(二) 芭比娃娃的創意、創新行銷策略

　　在美國市場上曾出現過一種註冊為「芭比」的洋娃娃，這個娃娃確實經過精心設計，外表迷人，而且在當時的售價僅需要十點九五美元，真是物超所值，因此不僅小孩想要，就連大人也愛不釋手。

　　父親買下了這個價廉物美的芭比娃娃，作為女兒的生日禮物，本以為事情就結束了，可是，幾天後女兒向爸爸提出了新要求：「芭比娃娃需要新衣服。」原來，女兒發現了附在包裝盒裡的商品介紹書，它提醒小主人：「芭比要有屬於自己的新造型。」於是，不久後，爸爸又帶著女兒到了芭比專賣店，並花費了四十五美元買回了「波碧系列服裝」。

　　在不久後的某一天，小女孩又不知道從那兒獲取了新資訊，並提出了新的要求：「應該讓芭比當『空中小姐』。」還說，自己能否在同儕團體中獲得較高的地位，就取決於她的芭比有多少種身分、服裝搭配而定。為了讓女兒社交生活不至於太窘迫，爸爸只好又掏錢幫芭比添購新行頭，這次有名媛淑女系列，還有舞蹈、模特兒系列等新配備。

　　接著，女兒又得到新資訊，原來芭比喜歡上英俊的「小夥子」──凱恩，女兒不想讓芭比「失戀」，父親也不能讓女兒失望，望著女兒乞求的

眼神，父親只好又花費了十一美元，讓芭比與凱恩成為夫妻。當然，凱恩的包裝盒上，也附了商品說明書，提醒小主人別忘了給帥氣的凱恩添置衣服、浴袍、電動刮鬍刀等用品。

買回凱恩就是為了讓他與芭比結成連理，看著女兒眉飛色舞地宣佈芭比和凱恩準備「結婚」的消息，父親顯得無可奈何。誰知有天女兒又收到了最新一期的商品說明書，說芭比和凱恩有了愛情結晶——米琪娃娃，芭比「第二代」出現囉！

漂亮的芭比娃娃售價並不昂貴，父親會因為只需要十點九五美元而感到物超所值，輕易地掏出錢包買下芭比，但是到最後回頭一算，這個可愛的娃娃已經不知不覺花掉了上千美元，這種「環節式」的行銷，充分利用了攻心為上的行銷謀略，因為小女孩喜愛洋娃娃，父親疼愛女兒，行銷者從這種心理層面去策劃，將最初的消費水準刻意壓低，等到消費者進入這個行銷環節裡，透過層層加碼，業者的營收利潤也就節節攀升，消費者雖然看到令人咋舌的標價，也已經欲罷不能，這就是典型的「攻心為上、欲擒故縱、逐步深入」的市場行銷策略。

除了創新的環節式行銷手法之外，我們也可以看到業者在芭比造型的創新、創意設計上發揮得淋漓盡致，每隔一陣子，業者就會為芭比創造出新造型、新的故事情節、新的人生規劃，每個創新的過程又自然會創造出新商品，而芭比系列的新商品也會順利地為業者帶來一筆新的、豐富的市場獲利。

創意學習誌

本章介紹了創意、創新與創造的區別。「創意」不難，只要經過一定的方法引導、訓練，新穎的點子或構想就能源源不絕的產生。而創意的點子若能轉變成商品、服務的一部分，並能夠獲取利潤，具有商業價值，那麼就可以稱為「創新」了。創意點子通過了創新階段，才能上市獲利，若還能建立起有效防止對手模仿的機制，才有機會走

上「創造及內部創業」階段。本章第二部分提供了在創意領域中最著名的創意訓練方法——「創意的十二把金鑰匙」，包括：「認知五力」、「情意四心」、「批判三寶」，這十二項方法就是培養個人創意的最有效訓練方法。接著以企業的角度介紹熊彼德 (Schumpeter) 五種創新方式、創意管理的渾沌理論 (Chaos Theory)。最後一章節介紹兩項將創意、創新發揮到行銷市場的成功案例，以說明從創意、創新與創造的過程雖艱辛，卻可以為企業帶來豐碩的成果。

延伸閱讀

1. 毛連塭、郭有遹、陳龍安、林幸台《創造力研究》，心理出版社，（臺北市：2000 年 9 月初版）。

2. 陳龍安《創意的 12 把金鑰匙：為孩子打開一扇新窗》，心理出版社，（臺北市：2014 年 4 月初版）。

3. 陳耀茂《創意激發術》，探索文化，（新北市：1998 年初版）。

4. 齋藤孝著／吳欣璇譯《日本長銷商品的發想力》，稻田出版有限公司，（新北市：2012 年 4 月初版）。

5. 鄭秋霜《好創意，更要好管理》，三采文化，（臺北市：2007 年 10 月初版）。

Chapter 2

創意思考法與曼陀羅運用

一、創造性問題解決法 CPS (Creative Problem Solving) 介紹

　　對於來自我們日常生活中大大小小的問題該如何去解決呢？運用思考力、運用創意前，我們要先清楚分辨這些問題的重要程度、緊急程度，在介紹創意思考方法前，我們要先介紹「艾森豪矩陣」(Eisenhower Matrix)，藉由這個矩陣圖幫助我們釐清問題的重要程度。

(一) 艾森豪矩陣 (Eisenhower Matrix)

　　艾森豪矩陣就是取自於美國第三十四任總統艾森豪 (Dwight D. Eisenhower) 的名字，因為艾森豪總統曾經提出一套處理事情優先順序的法則，因此後人就以他的名字來為這個法則命名。艾森豪矩陣的分類概念，主要是協助我們依「重要性」(Important) 與「急迫性」(Urgent) 的程度將工作分為四大類，並提醒我們要將時間與資源優先投入於處理重要且急迫的工作事項中。

　　依此概念，我們將生活中的事物分門別類，並製作成表格來做說明：

	緊急	不緊急
重要	1. 火災報警 2. 搶救傷患 3. 看病 4. 需要在期限內完成的重要工作、會議、研討會	1. 學習新技能 2. 鍛鍊身體 3. 建立良好的人際關係 4. 靈修默想
不重要	1. 不必要的干擾或電話 2. 朋友臨時的邀約 3. 不定時的聚會	1. 無意義地瀏覽網路 2. 瞎扯閒聊 3. 看無意義的電視節目

　　一般人大多是依照習性來做事，總是離不開自己的認知、偏好與經驗來決定工作先後順序，因此可能一開始會挑選自己最喜歡、最習慣的事物著手進行，卻將最難，也最重要的工作放到最後面，在時間催促和強大的

壓力下，竟然將重要工作草草處理、交差了事，因此也導致效率不彰、效果不好的下場。

　　如果我們具備了艾森豪矩陣的概念，能從整體的觀點對工作事項做好分類，再進行處理，就能充分的運用資源、時間，好好處理重要事務，發揮最大效益。

　　我們如何將工作的處理做出整體性的策略規劃呢？只要先細心觀察，就會知道每件工作的重要性不同，對於「緊急且重要的事情」我們要集中心力、時間，甚至要花費更多資源積極投入，才能將它做好，因此必須要做好事先規劃，才能將每份心力、時間、資源花在刀口上；對於「不緊急但重要的事情」，我們可以安排在固定的時間做，養成習慣後，不必花費太多心思即可將此事情完成；而對於「緊急但不重要的事情」要勇於說不；對於「不緊急又不重要的事情」則要儘量避免，不要把時間、精神花費在裡面，造成不必要的浪費。

　　艾森豪矩陣告訴我們安排待處理事情的順序是：

> **緊急且重要➔不緊急但重要➔緊急但不重要➔不緊急且不重要**

　　如果能將日常生活事物做好分類，判斷清楚它們各自隸屬於哪個類別，就能掌握時間、掌握資源，將工作效率極大化。

(二) GTD (Getting Thing Done) 法則的運用

　　GTD 法則告訴我們每個人的時間、精力有限，在有限的時間、精力下，如何運用資源，把事情處理好？首先要能對事情下正確判斷，並分門別類。其實 GTD 法則與艾森豪矩陣告訴我們的概念是相同的，也就是俗話說的「抓大事放小事、抓正事放雜事、抓要事放閒事」。

GTD (Getting Thing Done) 法則的作法

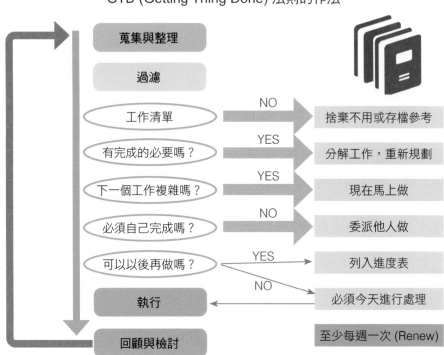

(三) 發揮創意：將艾森豪矩陣、GTD 法則延伸到公文簽核流程

　　每個公司的高階主管經常要批閱成堆公文，在堆積如山的公文簽核過程中耗費不少時間、精力，若能運用艾森豪矩陣概念，先將每份公文依四個象限：緊急且重要、不緊急但重要、緊急但不重要、不緊急且不重要，做好分類，並在公文封套上依顏色做好區分，就能省下許多力氣，讓高階主管把更多的腦力資源放到重要事務上。

　　把艾森豪矩陣、GTD 法則運用到公文簽核流程，如下圖所示：

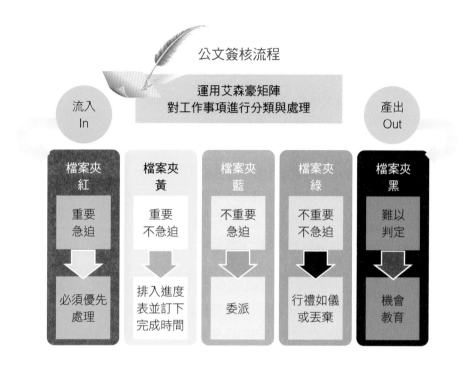

公文簽核流程

運用艾森豪矩陣
對工作事項進行分類與處理

流入
In

產出
Out

檔案夾 紅	檔案夾 黃	檔案夾 藍	檔案夾 綠	檔案夾 黑
重要 急迫	重要 不急迫	不重要 急迫	不重要 不急迫	難以 判定
必須優先 處理	排入進度 表並訂下 完成時間	委派	行禮如儀 或丟棄	機會 教育

　　我們可以用五個顏色來做區分，紅色檔案夾代表重要急迫事件，高階主管不管多忙碌，還是必須優先處理；而黃色檔案夾代表重要不急迫事情，高階主管可以將之排入工作進度表內，並定下完成時間；藍色檔案夾代表不重要卻很急迫的事情，公司不需要投入太多資源，類如像環境清潔等可以委派清潔公司處理。綠色檔案夾代表不重要也不急迫的事項，如：公司每年定期舉辦的員工旅遊或運動會等活動，當公司受大環境景氣影響，而營運不佳時，就會被裁減、刪除，當公司營運如常時，就照例舉辦。黑色檔案夾代表處理該事項的員工難以判定此事件的重要性、急迫性，此時公司的高階主管可以藉此對該職員進行機會教育，協助他了解判斷的原理、原則。

　　有了這一套創意顏色管理，公文簽核的流程勢必更加流暢、有效率，更可以節省高階主管許多的時間與精神！

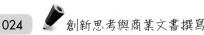

二、創造性問題解決法 CPS——聚斂式思考法 「曼陀羅」（九宮格）

　　艾森豪矩陣強調「重要、緊急」事件要優先處理，而處理的方式我們可以參考以聚斂式思考為主的「曼陀羅」思考方法，也就是俗稱的「九宮格」思考方法。

　　曼陀羅 (Mandala) 思考法又稱「九宮格」思考法，來自於佛教中的一種繪畫方式，藉由這個方法，來表達佛陀悟性的菩薩形象。這個方法也代表著藏傳佛教中密宗「轉識為智」、獲取最終智慧的一種思考方法，在佛教大師的思考中，他們認為曼陀羅中間點代表事物的原點，而周遭的八個方格代表人的意識集中點。

　　其實曼陀羅是一種 3×3 的矩陣式表格，內含 9 個方格，因此才被稱為「九宮格」。曼陀羅創意思考法的原理是藉由這九個方格，幫助我們大腦思緒去做聯想，因為在視覺上我們將九個方格的中間方格，做為我們書寫主題的思考點，其餘 8 個方格作為聯想項目，經由 8 個方格內容的相互牽引與影響，可以微妙地刺激人腦的意識與聯想。曼陀羅思考法後來被日本人今泉浩晃大力推廣，成為一種創意、創新思考法，並風靡於產業界、實務界，成為一種解決問題的創意思考方法。

(一)「曼陀羅思考法」結合理性和感性

　　人們在不斷追求知性與理性的同時，卻也不能否認自己經常被感性的情緒所左右著，曼陀羅思考法正是當我們內心理性思維與各種情緒互相干擾時，幫助我們調和情緒與理智的最佳思考工具。

　　曼陀羅思考法可以幫助我們從渾沌的狀態，逐漸走向清明、具象化。曼陀羅思考法具有一種神奇的功效，它不但能整理我們熟知的意識層面中的思緒，更能接通我們最隱微晦暗的潛意識。人們的意識如果能經過一番梳理，就能從表層的意識烙印到更深層的潛意識，幫助我們時時刻刻記住目標，往目標全力以赴。而經常被潛意識左右的負面情緒，也可以透過曼陀羅思考法的梳理後，來到意識層，並透過理智的思維，一併將負面情緒

處理乾淨，一旦我們能將負面情緒清理乾淨後，更能心無旁騖的大步往目標邁進，這就是「曼陀羅思考法」的神奇之處。

(二)「曼陀羅思考法」結合腦和心

經過不斷證實，我們發現運用曼陀羅思考法可以帶來許多靈感，尤其是心中充滿困頓、疑惑，大腦思考不斷遇到障礙時，拿起紙、筆畫畫曼陀羅後，就會帶給你一些意想不到的頓悟和靈感，就連享譽國際的心理學家榮格也和曼陀羅思考法有密切關係。

榮格在與心理學大師佛洛伊德的理念發生衝突，決定自立門派時，他陷入了極度嚴重的精神抑鬱，當時的他經常拿起筆，在紙上不斷畫著類似曼陀羅圖形的圓形圖，藉著這些圖文，他彷彿能面對自己複雜、痛苦的內心世界。之後他在治療深受精神困擾折磨的患者時，也嘗試以圖畫的方式做治療，他發現病患也同樣在紙上畫出類似曼陀羅的圖形，圖畫中會有一個核心，不管畫面多混亂，還是能大致排列出一個同心圓形狀。之後，榮格才知道曼陀羅與佛教之間是有密切關聯的。

在榮格幫助無數病患的治療過程中，發現曼陀羅不但能平衡情緒，也能一定程度活化我們的大腦，讓大腦產生靈感、頓悟，讓我們在重新面對現實中的困境時，似乎能變得更積極、更有力量。

(三)「曼陀羅繪畫」紓解壓力

不可否認，人類的創意思考不只來自於大腦的運作，創意思考的活化和心靈的流暢度更是息息相關，當我們紓解了心靈的矛盾與壓力後，創意點子會源源不絕從大腦中展現出來，而曼陀羅繪畫就是針對這樣的原則設計出來的一項探索心靈與大腦的一種繪畫技術，也是活化大腦的一項絕佳方法。

從心理學家榮格發現「曼陀羅」與心靈治療密切相關後，曼陀羅繪畫技術在藝術治療的使用上已經愈來愈成熟。在「曼陀羅繪畫」中以「圓形」及「中心」為基礎而延伸出各種幾何及多元的對稱結構，更能幫助繪畫者的心靈與完整的宇宙觀做連結。在這個過程中繪畫者不但可以探索自

身情緒、焦慮的來源，更能開發出個人潛能、活化創意思維。現在已經有許多忙碌的現代人、企業人士開始參與，並投入曼陀羅圖形彩繪，也有愈來愈多人相信人類不應該再單純依賴左腦來做理性判斷，也應該注重右腦感性思維的開發，才能讓自我創造力有更多的可能性。

(四)「曼陀羅思考法」召喚「偶然力」

日本商管作家勝間和代出版了《勝間和代——我的人生沒有偶然》，在日本颳起一陣偶然力旋風，《商業周刊》在獨家專訪勝間和代關於「偶然力」和未來成功的關係時，她指出：「掌握偶然力的能力，現在更為需要，因為現在沒有人能夠看得到未來……。畢竟真正的契機通常都不是很大的事，沒有偶然力，根本無法掌握機會，要能把握住每一次機會，才更容易成功。」勝間也大方分享她的座右銘：「發生的事情都是正確的。」勝間補充說道：重點不是去預測明天會發生什麼事，而是善用發生在我們身上的事。

如果回頭看看歷史上重大發明，也都和偶然力相關，例如：牛頓看到蘋果掉下來而聯想到「拉力」，進而發現「萬有引力」原理；阿基米德在浴缸泡澡時，留意到水滿出來，進而促成「浮力」原理的發現。

與其說這是在偶然間發生的幸運事件，不如說透過一定的努力後，這些成果必然會被召喚而來，只是等一個契機點罷了。要如何透過後天的努力，召喚靈感呢？《曼陀羅九宮格思考術》作者松村寧雄認為「曼陀羅創意思考法」可用來召喚偶然力，並提出三個自我訓練的重點：

1. 告別刻板印象

如果我們可以更自由自在的打破原有思考框架，就會產生創意，而曼陀羅的創意發想方式就是在幫助我們做到這些。

2. 改變觀察角度

只要從不同的視角重新觀看同一個事物，看到的景象就會讓人產生意想不到的驚奇，而曼陀羅思考法具有兩種完全不同視野，首先它會先帶領

我們從上空鳥瞰全局，像一雙銳利的鷹眼般逼視著焦點。同時，曼陀羅也可以運用周圍的八個格子來補充描述中心點核心問題，這又彷彿帶領著我們以螞蟻的眼睛，以放大的角度重新看著周圍的一切，讓我們不要忘記關注局部問題。

3. 深印在腦海中

當我們開始對一件事感興趣時，就會發現突然我們周遭的世界到處充滿著相關的訊息，例如：你決定暑假到加拿大旅行，突然發現電視新聞、報紙都在報導著關於加拿大的新聞，甚至連同事閒聊時的話題也提到加拿大。這並不是巧合，其實這些訊息一直存在，只是暑假要去加拿大的決定已經深深印在大腦裡，所以我們的大腦彷彿伸出了天線，把跟加拿大相關的各種資訊全都吸收進來，這也可以說是「偶然力」的一種。而曼陀羅思考法就是先幫助我們建立目標，藉由曼陀羅工作圖表，它會幫助我們把重要目標烙印在腦海裡，讓大腦時時伸出天線，吸收我們周圍相關的資訊，甚至吸引重要的貴人來助我們一臂之力呢！

(五) 曼陀羅思考方式

前文對「曼陀羅」的介紹較偏向於心靈、感性層面，那麼「曼陀羅」如何運用於理性的創意思考？下文要介紹的是用曼陀羅 Memo 做放射性思考法或「の」思考法。如下圖所示：

左圖是用曼陀羅 Memo 做放射性思考
右圖是用曼陀羅 Memo 做「の」思考法

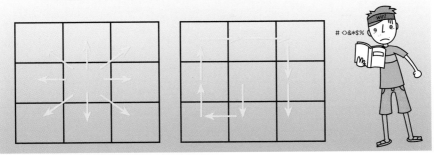

我們可以依據下列七個步驟來完成「曼陀羅」思考法：

1. 能畫出曼陀羅 Memo，在中間點寫下關鍵字，做放射性思考法或「の」思考。
2. 能將主題列在中心，並向外做八項的思考。
3. 能很快的從雜亂的思緒中，找出各項概念，作為每一格的標題。
4. 選用的八項，都是內心最滿意或最想表達的。
5. 明確設立目標。
6. 集中焦點。
7. 簡化工作內容。

三、曼陀羅（九宮格）思考圖在日記的運用

　　懂得利用以上七原則，就可以建立起屬於自己的曼陀羅（九宮格）思考圖。以下我們將試著以曼陀羅（九宮格）思考法運用到日記上，對忙碌的現代人而言，每天都有堆積如山的大小事，如何建立起簡單明瞭，又方便日後檢索的日記系統？曼陀羅（九宮格）思考圖可以提供現代人一臂之力。如下圖所示：

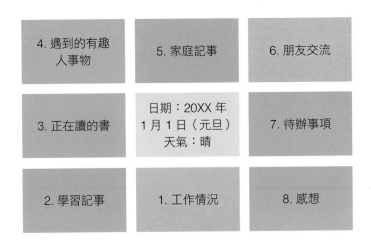

4. 遇到的有趣人事物	5. 家庭記事	6. 朋友交流
3. 正在讀的書	日期：20XX 年 1 月 1 日（元旦） 天氣：晴	7. 待辦事項
2. 學習記事	1. 工作情況	8. 感想

　　現代人生活忙碌緊湊，如何寫簡單有效率，而又一應俱全、一目了然的日記呢？曼陀羅思考法可以提供一個有效的解答。傳統的日記全部以文字組成，筆隨心走，想到哪裡寫到哪裡，沒有一定的章法，而曼陀羅思考法卻是以一個九宮格（井字圖）的方式，做好重要的分類，引導我們的大腦以最有效率的方式記錄下重要訊息，並方便日後查詢。

　　如何以「曼陀羅」思考法寫日記呢？首先，我們在中心點上填上當天的日期，再以順時針畫圓的方式展開，依據重要項目分別填入其他八個空格，如：最重要的是「工作情況」，其次是「學習記事」，再其次分別為：「正在讀的書」、「遇到的有趣人事物」、「家庭記事」、「朋友交流」、「待辦事項」，最後一項「感想」剛好為這個曼陀羅做一個完整的

結束。

　　當然，以上的八個分類可以隨著個人狀況重新做調整、規劃，自由度很大，不過卻也依舊可以對我們的思維、創意發揮出莫大的效用。

四、曼陀羅思考術延伸

曼陀羅（九宮格）思考圖不只可運用成簡單的工作日記，此技法也可以擴散至 64, 512, 4096……種創意，如下圖所示：

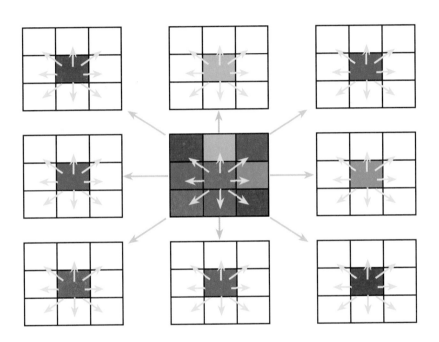

(一) 保健食品網路行銷運用範例

曼陀羅思考術是一項思考工具，工具必須經過適當的運用後才能發揮出價值，經過不斷運用、熟能生巧後，才能產生新的變化。以下我們將介紹曼陀羅思考延伸術——保健食品網路行銷運用範例。

一般小型公司的決策方式都還沒有系統化，也許是和公司決策人員沒有受過相關訓練有關，而下面的範例則是保健食品網路行銷公司（A 公司）的決策人員在上過曼陀羅思考相關課程後，為 A 公司的保健食品網路行銷做出的創意思考，藉由參照 A 公司的這些思考歷程後，希望能夠

幫助我們突破以往的思考模式，從中學習到曼陀羅思考的精髓與成效。

　　A公司之前沒有網路行銷經驗，現在要進入網路行銷領域，除了要借助專家、廠商的建言之外，更要努力蒐集相關的資料，尤其是同業中成功的網路行銷個案，若能將這些資訊蒐集完備，加上曼陀羅思考術的運用，才能發揮真正的效用，幫助A公司完成網路行銷戰略的擬定。

　　以下為A公司運用曼陀羅思考法延伸術，來進行保健食品網路行銷的放射性思考，我們先以八大主題來分析其結果。

　　我們先畫出曼陀羅基本圖形（九宮格），把當前的目標「保健食品網路行銷」放在九宮格的中心點，再依序往下一格寫下完成此目標所重視的問題面向。A公司所羅列的問題面向依序為：公司的品牌形象、網頁設計相關問題、購物平臺系統、產品本身、行銷策略、促銷方法、配送問題、建立顧客關係等。如下圖所示：

產品	行銷策略	促銷
購物平臺系統	保健食品網路行銷	配送
網頁設計	品牌形象	顧客關係

　　基本的曼陀羅九宮格完成後，我們可以進入第二階段，也就是再以下一階層為主題，重新再展開一次曼陀羅九宮格。在第二階時，我們可以再以曼陀羅九宮格來思考A公司在擬定保健食品網路行銷時的「品牌形象」，A公司應該在消費者心中形塑出何種形象？A公司羅列：穩重如山、彩色人生、年輕氣息、體力充沛、健康活力、生機盎然、健步如飛、自然純真後加以比較，最後選定以「健康活力」為其品牌形象。如下圖所示：

品牌形象（一階）

體力充沛	健康活力	生機盎然
年輕氣息	品牌形象	健步如飛
彩色人生	穩重如山	自然純真

　　A 公司擬訂好「以網路行銷健康食品」方案，希望能在消費者心中形塑「健康活力」的品牌形象後，接下來 A 公司該思考的下個問題是「該如何完成網頁設計？」當然，我們還是可以再次使用曼陀羅九宮格思考術，從中，A 公司羅列出幾個可能執行的方案，包含：找一般從事網路行銷的上班族做網頁設計、找協力廠商幫忙贊助、找就讀網路行銷學系的學生幫忙、由 A 公司內對網路行銷有相關能力的員工一同設計、找專業網路行銷公司設計、找之前合作過的資訊公司一併處理、找 SOHO 族設計、請朋友的公司來設計等等，以上這些方法中有許多只是單純為了節省經費，只求有不求好。但是透過曼陀羅思考術的運用後，可以讓 A 公司的決策人員再仔細思考，並在全面性的比較後，最後選定的方式是：由專業的「廣告設計公司」負責專案執行。這個方案雖然經費較高，但是對提升 A 公司的品牌形象大有助益。如下圖所示：

網頁設計（一階）

自行設計	廣告設計公司	資訊公司
學生	網頁設計	SOHO 族
廠商贊助	上班族	朋友公司

　　接著，A 公司下一個任務是思考如何建置「購物平台系統」？A 公司羅列出幾個方案：從網路拍賣中取得、以異業聯盟的方式共享平臺、購買專用軟體、購買套裝軟體、從別的套裝軟體中修改一份較合適的、直接聘請工程師做開發設計、從網路商店購買相關產品等八個方案。經過仔細評估後，最後選定以「套裝軟體」的方式來建構 A 公司的「購物平臺系統」。如下圖所示：

購物平臺系統（一階）

專用軟體	套裝軟體	套裝軟體修改
租用	購物平臺系統	聘請工程師開發
異業聯盟共享	網路拍賣取得	網路商店

　　依此方式，我們可以再用曼陀羅思考術依序去思考，透過一層一層往下分析，A 公司想完成健康食品網路行銷的方案，已經愈來愈具體，可行

性也愈來愈高。

　　透過一層一層的曼陀羅思考術後，A 公司整理出健康食品網路行銷計畫要點如下：

品牌形象	健康活力
網頁設計	廣告設計公司
購物平臺系統	套裝軟體
產品	如下表
行銷策略	關鍵字行銷、SEO 搜尋引擎優化、網路廣告、超鏈結推廣
促銷	團體購買、會員紅利點數
配送	7-11 取貨、新竹貨運
顧客關係	訪客意見處理、查詢訂單進度、售後服務

　　A 公司也再次用曼陀羅九宮格思考術，為健康食品的產品線（第二階）做出了重點歸納：

廣度	維生素類、鈣質類、鐵／鋅類、纖維質類
深度	單一規格、兩種規格
特色	物超所值、天天照顧您！
劑型	錠劑、硬膠囊
包裝	夾鍊袋裝
品質要求	GMP 工廠、ISO 認證
建議售價	99 元
知識	專家引言、網站詳述

　　A 公司透過曼陀羅思考術的使用後，突破了傳統僵化的思維，一般決策者在思考上總是以經費做考量，而這次從曼陀羅九宮格的第一個、第二個格子中寫下的分別是「健康食品網路行銷」、「品牌」，可見這次思考

的重點目標不是節省財源，而是達成以網路為銷售目標。

在以商場為主的策略擬定中，一定要先有好的提問，才能確實達到目的，而這次 A 公司的重點提問放在「要怎樣才能在網路上接到訂單？」而不是「網路架站與網路行銷需要多少錢？」因此 A 公司在這次的策略擬定中不是因為網路行銷是一種流行趨勢而做，A 公司採取更積極的態度，明確知道自家公司的網路行銷要「發揮具體效益」。只有目標明確之後，在策略擬定、執行過程時才能真正達成目標。

事實證明 A 公司的策略擬定是正確的，因為現代市場行銷日新月異，網路世界已是兵家必爭之地，除了傳統行銷 4P 外，網路行銷 4C 已不得不重視了，因此商家除了重視產品與市場外，還要掌握消費者的真正需求。A 公司在前期以曼陀羅思考術所擬定的一系列計畫方案，果然因為符合市場需求而賺了大錢。

(二) 金飾向錢走行銷策略擬定範例

商場如戰場，尤其是重新設立一個嶄新的品牌，並能成功打入市場，更是一個異常艱辛的歷程。品牌創新的過程裡，從最源頭的產品本身，到行銷平台建置，每個過程都必須經過縝密的設計、構思，才有機會打造出響亮的品牌名聲。以下為運用曼陀羅思考法，來為「今生金飾」品牌進行放射性思考法，我們先將「今生金飾」品牌做一個完整介紹。

✦「今生金飾」品牌介紹

「今生金飾」品牌名稱成立於 1995 年，是國內金飾業中第一個非家族式經營的股份有限公司，也是第一家正式於百貨公司設立專櫃的國內金飾品牌。2004 年由輔仁大學流行經營系所做的調查指出，在未經提示狀況下，「今生金飾」為國內知名度最高之金飾品牌，其品牌知名度、指名度已經超越其他友牌及香港金飾業品牌。自 2005～2008 年，「今生金飾」連續四年獲得《讀者文摘》信賴品牌消費者調查，黃金珠寶類之金牌獎，「今生金飾」截至 2008 年期間更是唯一得獎的臺灣品牌。

「今生金飾」名品店的經營模式，採取了垂直整合作業模式，因此擁有完整的上下游供應鏈，而且品牌本身具有商品設計開發、量產、品管的

優勢能力，甚至有跨足至廣告行銷等作業能力。

✦「今生金飾」企業品牌願景

　　「今生金飾」是臺灣地區第一個由國人自創的金飾品牌，也是臺灣除了港商（鎮金店、點睛品）之外，唯一一個非家族式的企業。早在1993 年，「今生金飾」以實驗店的性質於桃園及臺北地區陸續展店，並於 1995 年正式成立「今生金飾」股份有限公司。自 1995 迄今，「今生金飾」投入無數金錢與心力，以期能累積出品牌資產，鞏固品牌在消費者心中的位置，並在 2005～2008 年連續四年獲得「讀者文摘全亞洲調查之非常品牌金牌獎」，可見「今生金飾」在品牌推廣上所付出的心力。

✦「今生金飾」品牌定位

　　「今生金飾」在品牌定位上，正如同它的名字，要與消費者相約今生今世，業者希望提供給消費者，除了商品本身外，還有一份永世不變的浪漫承諾，如同黃金內蘊的恆久價值，歷久彌新，因此，「今生金飾」的商品定位是：「今生金飾」會出現在消費者生命中每一個重要時刻，當消費者希望能對情人、親人、甚至對自己傳達這份祝福與承諾時，「今生金飾」將提供最佳的選擇，除了具質感的金飾商品外，更傳遞出一份真摯的情感。

　　「今生金飾」已將自身的品牌聚焦，並完成定位，除了黃金本身的價值外，還有一份對顧客更珍貴、更恆久的品牌承諾。

✦「今生金飾」通路介紹

　　「今生金飾」在臺灣地區已擁有 9 個百貨公司專櫃櫃點（分屬新光三越、遠東與 SOGO 三大百貨系統），並於全省擁有 160 多個時尚金店經銷點，通路遍及臺灣全島及澎湖。並曾與東森購物、家樂福、7-11 等知名通路配合，在臺灣極具可見度與知名度。

✦「今生金飾」重要紀事
- 1995 年—「今生金飾」股份有限公司正式成立，推出第一支電視廣告——「新拜金主義」。
- 1998 年—「今生金飾」獲得世界黃金協會亞洲區行銷大賽——自

用類金飾行銷大獎。

- 2002 年—與當紅偶像劇「流星花園 II」配合，以置入式行銷方式，創下金飾業行銷新方式，成為業界模仿對象。

- 2003 年—與紅遍兩岸三地的搖滾天王「伍佰」簽約，由「伍佰」擔任年度代言人，並分別於當年母親節、情人節隆重推出大型推廣案。

- 2004 年—由香港影視歌三棲紅星「陳小春」擔綱「今生金飾」2004 年代言人，並於 2004 年的情人節、母親節、七夕情人節推出大型推廣活動。
  成立 18K 金事業部，將 18K 金獨立於 24K 足金以外，大規模進行推廣作業。

- 2005 年—亞洲天后「Jolin 蔡依林」與「今生金飾」配合，擔任「今生金飾」2005 年品牌大使，於 2 月 14 日情人節及母親節推出專案，深獲好評。「今生金飾」獲得「讀者文摘」於亞洲六個國家所做的最受歡迎品牌調查，榮獲黃金珠寶類之金牌獎，為臺灣唯一得獎之品牌。

- 2006 年—「今生金飾」再度獲得「讀者文摘」最受歡迎品牌調查，黃金珠寶類金牌獎，依然為國內唯一得獎之金飾品牌。

- 2007 年—與藝人「陳建州」合作，透過其健康形象，推廣系列專案。「今生金飾」再度得到「讀者文摘」針對消費者票選 2007 年信譽品牌金獎的殊榮。

- 2008 年—與藝人「周幼婷」合作，針對西洋情人節、七夕情人節發展全新贈禮定位，將貴金屬開發成不同型態、不同目的之贈禮商品，開拓貴金屬的各項用途，並彰顯其獨有之尊貴價值。「今生金飾」連續四年榮獲「讀者文摘」消費者票選 2008 年信譽品牌金獎。

- 2009 年—為了跳脫傳統金飾設計的框架，「今生金飾」在西洋情人節商品，特別與「橙果設計」合作，共同開發打造出「愛情小惡魔」系列金飾，搶攻年輕人愛新鮮的心，並

邀請「蔡康永」先生擔任代言人。為拓展故宮文物及商品，「今生金飾」與故宮合作，完成首飾擺件，推出以純金、純銀或貴重的玉石、寶石製作的珠寶擺件，擷取翠玉白菜、汝窯青瓷、赤壁賦、毛公鼎、玉辟邪及乾隆用璽等代表性文物，透過抽象概念和具象文字圖騰，設計出包括鍊墜、戒指及擺件等作品。每年於年底所推出的尾戒皆獲得消費者的好評與喜愛，另外，「今生金飾」還邀請命理老師「黃友輔」先生代言尾戒商品，讓消費者在戴上「今生金飾」尾戒後，除了手指上有美麗裝飾之外，還有祈福消災的功能性意義。

1.「金飾向錢走行銷策略擬定」之創意思考歷程

　　首先，畫出曼陀羅（九宮格）基本圖，在最中心寫下品牌名稱，在下方空格寫下最重要的行銷策略要點「品牌形象」，接著往順時針方向，依序寫下重要的行銷策略要點，即以曼陀羅思考術完成了「金飾向錢走行銷策略擬定」初步方案。如下圖所示：

今生金飾：八大主題

合作對象	行銷策略	促銷
產品	今生金飾	地點／通路
空間環境	品牌形象	顧客關係

　　接著，我們再以「品牌形象」展開下一個九宮格圖形，分別寫下八個思考重點：獨特、可愛、優雅、簡單、年輕、穩重、傳統、時髦。

從這個圖表中，我們可以進入下一個更深入的思考，仔細看著這個表格後，並從中遴選出「今生金飾」不可或缺的、極重要的「品牌形象」，之後選擇了「獨特」、「年輕」兩項，作為品牌形象。如下圖所示：

品牌形象（一階）

簡單	年輕	穩重
優雅	品牌形象	傳統
可愛	獨特	時髦

接著，我們再回到第一個圖表，「今生金飾」的「品牌形象」已經完成定位，往下個項目「空間環境」繼續思考。再畫一個曼陀羅（九宮格），並將此次的思考重點「空間環境」放入中間，並依序寫下以此為思考的八個要點，分別為：小巧精緻、奢華華麗、現代極簡、古典優雅、開放明亮、樓層區隔、普普風、童話世界等等。

完成此圖後，重新看看之前畫的曼陀羅（九宮格），再仔細思考符合「今生金飾」「品牌形象」的「空間環境」應該打造成什麼樣的風格？最後為「今生金飾」選定的空間元素為：「開放明亮」、「樓層區隔」。如下圖所示：

空間環境（一階）

古典優雅	開放明亮	樓層區隔
現代極簡	空間環境	普普元素
奢華華麗	小巧精緻	童話世界

　　完成「今生金飾」「空間環境」圖後，我們可以再畫一個曼陀羅（九宮格），藉此來思考產品設計上的重點，在九宮格裡依序寫下：具有設計感、注重製造流程、定價、種類、配合節慶特殊日子研發新產品、產品以顧客為定位導向、研發一系列產品、產品數量上的管控。

　　在「產品」方面的思考可以不用侷限於一、兩個主題上，因此在這部分可以透過曼陀羅（九宮格）圖展示出各種產品線上的多種想法，並選出適合「今生金飾」的金飾產品定位及設計策略。我們可以透過一個曼陀羅（九宮格）圖，完整展現一個工作團隊在思考「產品」定位時的思路過程，如下圖所示：

產品（一階）

種類	配合節慶、特殊日子	顧客定位
定價	產品	系列產品
製造	設計	數量

　　曼陀羅（九宮格）思考術的好處是可以一層一層往下展開，完成第一階的曼陀羅（九宮格）思考後，還可以進入第二階，再以同樣的曼陀羅方法展開一次，藉由具體圖像去思考更深入、更細膩的問題，並選定適合的方案。這是藉由曼陀羅（九宮格）去思考「今生金飾」產品在設計上該著重的面向，最後選定了「異材質」、「立體設計」、「單個設計」、「組合設計」、「鏤空設計」等設計重點。如下圖所示：

設計（二階）

立體設計	單個設計	組合設計
平面設計	設計	鏤空設計
異材質	單一材質	堆疊設計

　　下面依序是以曼陀羅（九宮格）思考第二階的問題點，包含：「種類」、「配合節慶、特殊日子」、「顧客定位」、「系列產品」。藉由曼陀羅（九宮格）可以將問題更具象化，也可以保留思路歷程，更可以透過此線索，回頭檢視制定策略時的每一步過程。如下列四圖所示：

種類（二階）

手鍊	手鐲	金牌
耳環	種類	擺飾／吊飾
戒指	項鍊	腳鍊

配合節慶、特殊日子（二階）

結婚紀念日	生日	情人節
訂婚／結婚	配合節慶、特殊日子	母親節
求婚	定情	嬰兒滿月

顧客定位（二階）

50～60 歲	單身男女	情侶
40～50 歲	顧客定位	新婚夫妻
30～40 歲	20～30 歲	年輕父母

系列產品（二階）

幾何圖形	立體造型	星座系列
植物花葉	系列產品	情人系列
生肖動物	卡通人物	彌月系列

　　當然，做完第二階後，我們也可以繼續回到第一階，繼續把未完成的問題點依序以曼陀羅（九宮格）圖，陸續制定好策略。這是「今生金飾」以曼陀羅（九宮格）圖來思考「合作對象」、「行銷策略」、「促銷」、「地點／通路」、「顧客關係」等問題的思路圖。如下列五圖所示：

合作對象（一階）

婚紗設計師	珠寶設計師	知名畫家
髮型設計師	合作對象	品牌授權
服裝設計師	金飾設計師	博物館／美術館

行銷策略（一階）

摸彩活動	異業結盟	明星代言人
表演秀	行銷策略	名模走秀
人體彩繪	知名設計師	媒體廣告

促銷（一階）

特價加購	累積消費送贈品	集點
週期特惠商品	促銷	用賣價買入舊黃金
分期付款	工本費打折	折價券

地點／通路（一階）

百貨公司內設櫃	車站附近	量販店
婚紗街	地點／通路	便利商店
夜市商圈	百貨商圈	網路通路

顧客關係（一階）

顧客意見處理	不定期 DM 寄送	租借服務
活動通知	顧客關係	顧客設計比賽
滿意度調查	售後服務	客製化設計

　　將曼陀羅（九宮格）圖透過一階一階展開，深入去思考問題、尋求解答途徑的過程，可以陸續展開成 8 個圖表、64 個圖表……，藉由圖表不斷深入挖掘、細膩思考，這樣的過程也稱為「鑿井法」，而藉由如此深層鑿井的模式所制定出的策略，也比一般只是單純用文字思考所制定的策略還來得嚴謹，更重要的是藉由簡單圖像，還保留了思考路徑，可以作為之後查詢、參照的重要補充資料。

2.「金飾向錢走」行銷策略擬定八大主題

　　當我們藉由曼陀羅（九宮格）圖做好簡單策略擬定後，可以回到一般的表格制定法，把重要策略做個圖表整理，如下表所示。這是「今生金飾」品牌所制定的「金飾向錢走」行銷策略計畫，分別羅列了八大主題：

品牌形象	年輕、獨特
空間環境	開放明亮、樓層區隔
產品	如下表
合作對象	金飾設計師、婚紗設計師、知名畫家、品牌授權、博物館／美術館

行銷策略	知名設計師、明星代言人、媒體廣告
促銷	週期特惠商品、特價加購
地點通路	百貨商圈、婚紗街、百貨公司設櫃、網路通路、量販店、便利商店
顧客關係	售後服務、不定期 DM 寄送、客製化設計

3.「金飾向錢走」產品八子題分析

　　另外，在「金飾向錢走」行銷策略中，「今生金飾」公司也特別重視「產品」為主軸的策略擬定，其產品線有以下八大子題，重點如下：

設計	異材質、立體、單個、組合、鏤空設計
製造	銀版（一個）→ 壓橡膠膜製模（數個）→ 注蠟（庫存蠟）→ 毛邊修整 → 灌石膏 → 烘烤 → 注入黃金塑型
定價	依金價定價，結合異材質降低成本
種類	項鍊、戒指、耳環、手鍊、金牌、擺飾／吊飾、腳鍊
配合節慶、特殊日子	訂婚／結婚、生日、情人節、嬰兒滿月、母親節
顧客定位	20～40 歲、單身男女、情侶、新婚夫妻、年輕父母
系列產品	卡通人物、生肖動物、幾何圖形、立體造型、星座系列、情人系列、彌月系列
數量	部分授權產品限量，其他大都依照顧客需求量生產

4.「金飾向錢走」行銷策略的成果與建議

　　藉由曼陀羅（九宮格）圖思考術，我們看到「今生金飾」如何為自家品牌打造出一系列「金飾向錢走」的行銷策略，簡單歸納出重點表格後，藉由表格，我們可以更清楚聚焦這一系列行銷策略的特色，及應該注意的

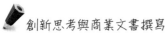

事項。從中，我們歸納出「今生金飾之金飾向錢走」行銷策略的成果與建議如下：

(1) 創新與傳統並行

金飾相對而言是高單價商品，屬於奢侈型消費，如何創造顧客需求、製造話題是行銷重點，不過傳統樣式的金飾商品仍有其固定需求客群，穩住此類客源亦有其必要，因此在行銷策略上絕對不可偏廢。

(2) 異業結盟

黃金是貴重金屬，單價高昂，為了降低價格、增加銷售量，可與其他種類產品異業結盟，增加整體產品之附加價值。

(3) 開發租借市場

有些顧客在結婚時，因為預算不多，購買能力有限，也有顧客因為平常不太配戴，所以購買意願低，針對這些原因，金飾業者可提供金飾租借服務，以滿足此類顧客的需求。

(4) 開發顧客創意市場

有部分顧客在金飾商品樣式、搭配組合上會有自己的創意想法，因此金飾業者可在專業設計之外，給予顧客自行創作的空間，以達到顧客之真正需求。

創意學習誌

　　在這一章節裡，我們介紹了創意思考法的要件，也說明了具有靈活、創意的思考模式是可以經過不斷練習而學會的。另外，我們也介紹了曼陀羅（九宮格）思考術，以及延伸方法，從例子中，我們介紹了曼陀羅（九宮格）在個人日記上的使用，以及在商業行銷策略的擬定，如：「保健食品」網路行銷策略擬定、「金飾向錢走」行銷策略擬定。透過曼陀羅（九宮格）思考延伸術的運用，我們可以發現創意思考術可以學習，也可以將創意思考過程完整保留，只要多加練習，我們還可以發現藉由曼陀羅（九宮格）思考，我們的大腦和心靈都更能隨心所欲地分析人、事、物，並能清晰的感覺和思考。

延伸閱讀

1. 松村寧雄著／鄭衍偉譯《曼陀羅九宮格思考術》，智富出版社，（臺北市：2010 年 11 月初版）。
2. 胡雅茹《曼陀羅思考法》，晨星出版社，（臺中市：2011 年 8 月初版）。

Chapter **3**

心智繪圖法

一、心智繪圖法介紹

　　心智繪圖法也可以簡稱為心智圖，是一種擴散思考的創意思考方法。我們可以運用顏色、符號、線條、圖畫，並配合關鍵字詞，將腦中所有相關概念做一番整理，以視覺化或圖像化繪製出屬於自己的心智筆記圖。

　　心智圖法是由英國著名腦力開發權威 Tony Buzan 在 1970 年代初期所研發而成的，Tony Buzan 於 1974 年出版《頭腦使用手冊 *Use Your Head*》一書，介紹心智圖法 (Mind Mapping)，之後在坊間的翻譯開始有不同的名稱，如：心靈繪圖、思維導圖、心智地圖、創意網等。

　　Tony Buzan 認為擁有成功人生的要件，包含了超強的理解記憶力 (IQ)、感性理性兼備的性格 (EQ)，還要有創意無限的金頭腦 (CQ)。一般人都認為創意就像是理解記憶能力一樣，都是來自於上天給的稟賦，這份能力是天生註定的，但是 Tony Buzan 卻不這麼認為，經過多年研究證實，Tony Buzan 發現只要透過一定的方法訓練，就可以提升自己的創意能力，而 Tony Buzan 所提供的訓練方法就是心智繪圖法。

　　我們先簡單介紹一下心智圖繪製方法，首先要準備好一張 A4 空白紙、各式色筆，在白紙中間用最鮮艷的筆寫下所要探討的主題，之後用不同顏色線條依次寫下四個重點，如下圖所示：

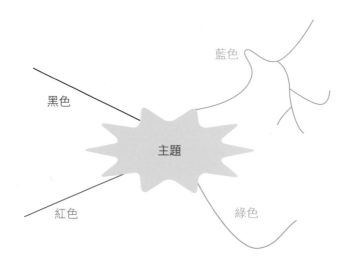

二、心智繪圖範例——手機功能擬定

你的新手機想要具備什麼樣的功能組合？不要只是天馬行空的想像而已，我們可以藉由心智繪圖法具體羅列出來。

在繪製心智圖的第一階段，我們只能先將大腦中對此一主題「手機功能擬定」大致羅列出腦中所有相關的想法，一將這些想法羅列出來後，會發現真是五花八門、琳瑯滿目，如下圖所示：

繪圖者：亞洲大學社工系陳柔恩

　　第二階段是以第一階段的心智圖為基礎，將所羅列的「手機功能擬定」做個簡單分類後，以不同顏色分出：基本功能、外觀設計、娛樂功能、增強功能。再以第一階段的心智圖為參考資料，依序在「基本功能」部分寫下相關要件，包括：接聽電話、收發訊息、照相、鬧鐘、傳輸等功

能。接著再以第一階段的心智圖為參考資料，依序在「外觀設計」部分寫下相關要件，包括：方型設計、輕巧好拿、簡約風格、免裝電池。接著依照前面方法，依序完成「娛樂功能」與「增強功能」，如下圖所示：

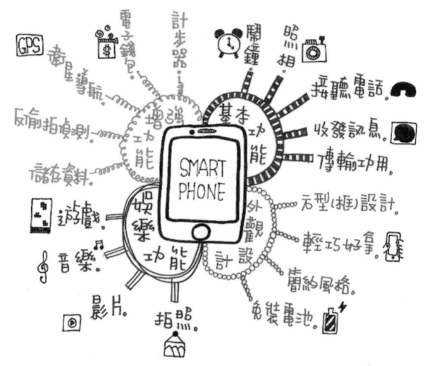

繪圖者：亞洲大學社工系陳柔恩

　　第三階段也是以第二階段為基礎，只要接第二階段資料再作刪減整理，並分門別類整理即可，如：手機功能中的「基本功能」部分，保留了兩個核心重點，即：內建功能、傳輸功能。之後再參考第二階段圖，在「內建功能」部分上寫下三個相關重點：鬧鐘、照相、接聽電話；在「傳輸功能」部分也寫下重點：Wi-Fi、藍牙。接著依照此步驟、方法依序完成其他主題：「外觀設計」部分、「增強功能」部分，如下圖所示：

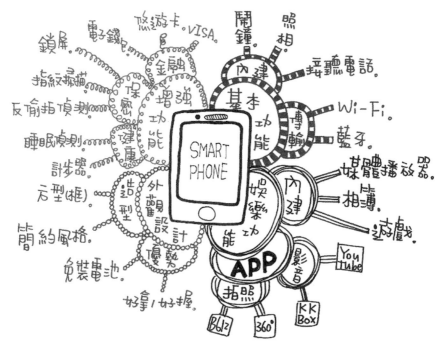

繪圖者：亞洲大學社工系陳柔恩

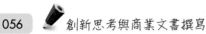

三、心智圖的步驟與原則

　　上文是「心智繪圖」的實作範例，現在我們可以簡單歸納出「心智繪圖」的幾個基本步驟與原則：

1. 在紙的中央位置，畫出一個象徵式的符號或一幅圖，再將主題寫上。
2. 由中心圖像往外拉出不同顏色的線，把聯想到的概念用關鍵字迅速寫下。
3. 把關鍵字工整地寫在線上，並儘量使每一個詞的長度和底下的線一樣長。
4. 各分支的層次從中心向外畫，字由大至小，書寫要分明。
5. 各分支之間的關聯性，可用不同顏色畫線的方式點明出來。
6. 利用顏色、圖形、字體、大小、層次和符號儘量顯示出重點。
7. 在畫心智圖時儘量開心的玩，畫好後並加以美化。
8. 與人分享並徵求相關意見。

四、心智繪圖法延伸——申論題考試的快速記憶

✦國家考試申論題：「兩性平權主要受哪些思潮影響？」

參考答案如下：

自由主義：承認男女是有先天上的差異，但反對生物決定論，認為男女性別差異是後天的成果。主張透過教育、法律和制度的修正來解決女性地位，並提供兩性平等競爭的地位。

文化主義：主張女性非男性的附庸，認為女性的道德觀優於男性，因此女性獨特的文化一旦獲得解放，自由、和平的世界自然來到。其策略為解放婦女的力量，透過激進與政治手段，也就是由女性來主政，推翻男性霸權。

馬克斯主義：馬克斯主義認為婦女被壓迫的原因，在於資本主義的核心家庭單親制與私有財產制度之交互作用下，女性逐漸被驅逐出社會生產工作之外，而淪為男性私有財產的一部分。此派策略認為推翻資本主義體制，一定要讓女性參與社會生產，並且和階級運動結合，以革命手段來打破婦女被壓迫的情境。

激進主義：其主張強調婦女是歷史上第一個被壓迫的團體，而且根深柢固。其解放策略為透過生產科技的創新來解放婦女，另外，還有人認為女性同性戀可以對抗父權主義壓迫。

社會主義：此派認為女性是資本家的消費品，亦是家庭中的奴隸，女性淪為「消費動物」和「性動物」。主張消除資本主義與改變父權體制，來提升女性的地位。

參考答案中有五個核心重點需要背誦，如何將這五個重點存放在記憶的寶庫，防止快速遺忘呢？運用「心智繪圖法」是個不錯的選擇。

首先先準備好基本文具：白紙、色筆。在白紙的中心寫下主題關鍵字「兩性平權」，再思考五個核心重點，分別為：自由主義、文化主義、馬克斯主義、激進主義、社會主義，將這五個重點以不同顏色的筆拉出線條，並寫下關鍵字，最好可以配合簡單的圖畫以增加記憶力。

接著再把五個核心重點的內容仔細閱讀理解後，選取幾個重點關鍵字，以樹枝狀圖記錄下來，並畫下簡單插圖以幫助記憶，如下圖所示：

繪圖者：亞洲大學社工系陳柔恩

不要小看這個簡單的心智圖表，我們人類的大腦在記憶區無法只以純文字來做記憶，若能配合簡單圖表，即可減輕大腦記憶的負擔。另外值得一提的是，在繪製心智圖的過程中，把文字變成圖表時所需要做的分類、下關鍵字、畫圖的過程中，大腦已經不斷在做深層記憶，所以心智圖完成時，也代表大腦經過深層的資訊處理，這些圖文資料也已經烙印進深層記憶區塊了，以後複習時只要拿出圖表，即可喚醒深層的記憶區塊，讓記憶與背誦達到事半功倍的效果！

五、心智繪圖法延伸——暑假花東旅遊規劃

　　心智繪圖不只可以用於學習，對於活動的規劃也很有幫助。下圖即是利用心智繪圖的原理來完成「暑假花東旅遊規劃」。首先將目的地「花東」置於中央，在第一層主概念的部分中分成七個主概念：(一) 休閒類型或休閒方式、(二) 消費樂園、(三) 交通、(四) 住宿、(五) 人員、(六) 經費、(七) 時間。再由主概念延伸出次概念，利用放射線的方式，架構出本次旅遊的完整圖像。如下圖所示：

繪圖者：亞洲大學商品設計系邱慧瑜

　　整個圖表展現的是「暑假花東旅遊規劃」的計畫圖，看起來較為複雜，下文我們將以細部分解方式，依循每個步驟來做詳細說明。第一階段是七大核心概念，每個核心概念下又有幾項主要概念，構成了第二階段。接著從第二階段再往下開展出重要概念，構成了第三階段。一幅心智圖只

要展開三階段已經相當完整了。下文即以三階段心智圖做示範說明，並附上局部心智圖，好讓圖文能更清楚呈現。

(一) 休閒類型或休閒方式

1. 人文資源之尋幽

(1) 歷史建築物：松園別館、光復糖廠。

(2) 聚落、地方特產：立川漁廠、阿美文化村、花蓮酒廠、石藝大街。

(3) 古蹟、遺址、文教設施：國立臺灣史前文化博物館、卑南文化公園、花蓮石雕公園。

(4) 民俗節慶、祭典：阿美族的豐年祭（7、8 月）、蘭嶼達悟族飛魚祭（2～6 月）。

在時間、資源有限下，我們必須在「人文資源之尋幽」的四個選項中選擇一個大家最有興趣、也最符合實際情況的主題成為本次旅遊要項。

2. 自然資源之探訪

(1) 河域湖泊資源：馬太鞍濕地。

(2) 海岸、海洋生態資源：八仙洞、石雨傘、三仙臺、小野柳。

(3) 島嶼資源：蘭嶼、綠島。

(4) 溫泉資源：瑞穗溫泉、紅葉溫泉、安通溫泉、知本溫泉。

(5) 特殊地形地質資源：秀姑巒溪（泛舟）、太魯閣國家公園、臺東水往上流。

(6) 特有動植物資源：飛魚、鯨豚、金針花。

我們還是得考量各種情況後，在「自然資源之探訪」的六個選項中選擇一個大家最有興趣、也最符合實際情況的主題。

3. 遊樂資源之探尋

(1) 公園：花蓮南濱公園、花蓮北濱公園、掃叭石柱公園。

(2) 森林遊樂區：知本國家森林遊樂區、合歡山國家森林遊樂區、富

源國家森林遊樂區、池南國家森林遊樂區。

(3) 主題遊樂園：花蓮海洋公園。

(4) 休閒農場：新兆豐休閒農場、東河休閒農場、台糖池上牧野渡假村、初鹿牧場。

(5) 海水浴場：磯崎海濱遊樂區、杉原海水浴場。

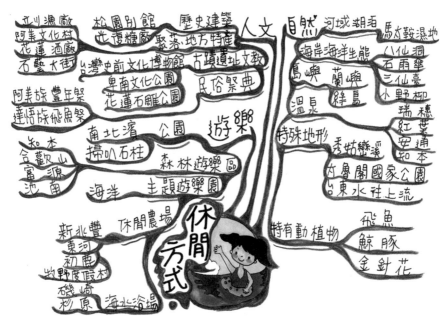

繪圖者：亞洲大學商品設計系邱慧瑜

(二) 消費樂園

1. 戶外活動

(1) 健行：合歡山賞雪健行。

(2) 單車：花蓮南北濱自行車專用道、花蓮七星潭自行車專用道、關山自行車專用道。

(3) 飛行活動：臺東鹿野高臺。

(4) 風帆衝浪：杉原海水浴場。

(5) 潛水：綠島。

(6) 泛舟：秀姑巒溪。

(7) 賞鯨：花蓮、臺東觀光協會。

(8) 水上活動：磯崎海濱遊憩區、杉原海水浴場。

2. 泡湯之樂

(1) 花蓮縣：秀林鄉文山溫泉、瑞穗鄉紅葉溫泉、瑞穗鄉瑞穗溫泉、玉里鎮安通溫泉。

(2) 臺東縣：延平鄉紅葉溫泉、卑南鄉知本溫泉、太麻里金崙溫泉、金峰鄉金峰溫泉、綠島朝日溫泉。

3. 海鮮美食

(1) 花蓮縣：自由街、明義街。

(2) 臺東縣：成功漁市、富岡漁港。

4. 夜市小吃

(1) 花蓮市：石藝大街、自強夜市。

(2) 臺東市：光明路夜市、福建路夜市、寶桑路夜市。

5. 伴手禮物

(1) 花蓮市：花蓮薯、花蓮芋、麻糬、玉里羊羹、天鶴茶。

(2) 臺東市：福鹿茶、菊花茶、洛神花茶、金針花、釋迦。

6. 巧藝禮品

石雕藝術

下圖是我們以「消費樂園」為主，將所有資訊做一番處理後所畫出的心智圖：

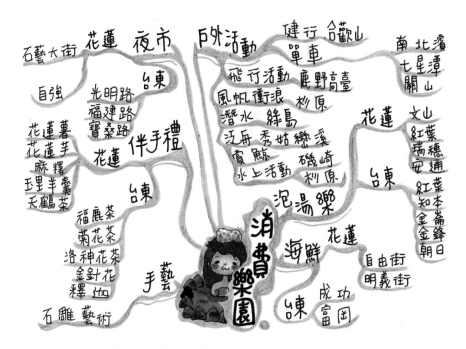

繪圖者：亞洲大學商品設計系邱慧瑜

　　以上各個關於遊樂主題、美食選擇部分都必須考量多方狀況，根據實際情形、身體與經濟能負荷之下，選擇自己最喜歡的一個項目去執行。

(三) 交通

1. 鐵路：花蓮站、臺東站。
2. 公路：國光客運、花蓮客運、鼎東客運、蘭嶼鄉營公車、綠島鄉營公車。
3. 船舶：臺東富岡—綠島（綠島之星、天王星客輪、凱旋客輪）。
　　臺東富岡—蘭嶼（金星客輪、綠島之星）。
4. 航空：花蓮機場、臺東豐年機場、綠島機場、蘭嶼機場。
5. 自行開車。

下圖是我們以「交通」為主，將所有資訊做一番處理後所畫出的心智圖：

繪圖者：亞洲大學商品設計系邱慧瑜

(四) 住宿

1. 花蓮縣

(1) 飯店

　　① 花蓮太魯閣晶英酒店：(03-8691155)，花蓮縣秀林鄉天祥路 18 號。

　　② 美侖大飯店：(03-8222111)，花蓮市林園 1-1 號。

　　③ 藍天麗池大飯店：(03-8336686)，花蓮市中正路 590 號。

　　④ 遠雄悅來大飯店：(03-8123966)，花蓮縣壽豐鄉鹽寮村山嶺 18 號。

　　⑤ 理想大地渡假飯店：(03-8656789)，花蓮縣壽豐鄉理想路 1 號。

(2) 民宿

　　① 藍天白雲：(0931-274118)，花蓮市國盛二街 9 之 3 號。

　　② 63inn 庭園民宿：(03-8662863)，花蓮縣壽豐鄉和平村大學路二段 63 巷 82 號。

　　③ 羅山の家民宿：(03-8831589)，花蓮縣富里鄉羅山村東湖 28 之 1。

2.臺東縣

(1) 飯店

　　① 關山山水軒飯店：(089-812988)，臺東縣關山鎮新福里新福 73 號。

　　② 知本富野溫泉休閒會館：(089-510510)，臺東縣卑南鄉溫泉村龍泉路 16 號。

　　③ 臺東知本老爺大酒店：(089-510666)，臺東縣卑南鄉溫泉村龍泉路 113 巷 23 號。

(2) 民宿

　　① 曉筑：(089-326303)，臺東縣東河鄉都蘭村那界 6-6 號。

　　② 雲海灣海景民宿：(089-280199)，臺東市吉林路 2 段 580 號。

　　下圖是我們以「住宿」為主，將所有資訊做一番處理後所畫出的心智圖：

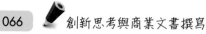

繪圖者：亞洲大學商品設計系邱慧瑜

　　從以上心智圖表可以發現，我們在交通與住宿的資料蒐集上非常齊全，但是實際旅遊情形不可能完全將這些資料全部執行完畢，還是必須仔細衡量實際情況，選取一項至數項去執行。

(五) 人員

1. 參與者

　　(1) 家人：公婆、丈夫、小孩和自己。
　　(2) 朋友
　　(3) 同事

2. 行前準備：丈夫和自己。

　　下圖是我們以「人員」為主，將所有資訊做一番處理後所畫出的心智圖：

繪圖者：亞洲大學商品設計系邱慧瑜

(六) 經費

1. 來源

　　國旅卡年度消費、消費券、旅遊基金、薪水。

2. 分配

　　住宿、交通、三餐及小吃品嘗、門票、紀念品、伴手禮。

　　下圖是我們以「經費」為主，將所有資訊做一番處理後所畫出的心智圖：

繪圖者：亞洲大學商品設計系邱慧瑜

(七) 時間（二擇一）

備案一：7 月 1 日～7 月 7 日

備案二：7 月 8 日～7 月 15 日

下圖是我們以「時間」為主，將所有資訊做一番處理後所畫出的心智圖：

繪圖者：亞洲大學商品設計系邱慧瑜

　　出發時間有兩個選項可供參考，第一個是 7 月 1 日～7 月 7 日，另一組時間是 7 月 8 日～7 月 15 日，都是為期一週的時間，該怎麼選擇要衡量當時各方面狀況再做抉擇。

　　心智繪圖的放射架構可以幫助我們的大腦以系統化形式，呈現出對旅遊的想法，並幫助我們做資料蒐集與整理，還可以記錄下所有可供選擇的方式，更可以協助我們找到具體可執行的方法。心智繪圖可以發揮化繁為簡的效用，方法既簡單卻詳實，藉由縝密詳實的規劃，減少了不必要的時間、金錢浪費，幫助我們在各方面都做了良好的預算掌控，讓此次旅遊以最經濟的方式，達到最大效益。

六、心智繪圖法延伸——陳基正二手衣王國的 成功模式

(一) 背景說明

　　風格獨特的舊衣店，已成了時下追求自我品味與時尚人士的尋衣寶地，這裡更是許多國際級設計大師們用來啟發設計靈感的祕密基地。這幾年也因為流行時尚圈盛行了混搭風，更使得這些來自不同年代的二手舊衣，變成了展現個人獨一無二穿著品味的利器。提到二手衣服飾，一定得介紹臺灣的二手衣教父陳基正。

　　民國七十九年，陳基正將二手服飾的觀念引進臺灣，當時的他已年逾40，讓人好奇的是，他如何敢孤注一擲地投入一個全新領域？還以創業的方式投入大量資金？他憑什麼確定臺灣人可以接受二手衣？陳基正說：「歐美人士已經很清楚二手服飾的環保貢獻，他們也很知道要怎麼從當中尋找適合自己風格，或搭配出個人特色的組合。臺灣人很想與眾不同，但一味跟著流行步調，搞到最後，所有人的穿著都一樣。」也正是基於這樣的體認，當年的陳基正義無反顧地將美國二手服飾的成功經驗帶到臺灣，並在臺灣創立自己的二手衣服飾王國。

　　如何克服對創業開店的恐懼呢？陳基正認為要走上創業之路最重要的是抱持著希望，勇於嘗試，一定可以找到拓展的空間。陳基正二手衣王國除了勇敢創業的企業家精神外，參觀他的二手衣改造工作室，就會發現他有滿滿的創意、創新點子，陳基正將舊衣當成主要材料，加上各種當季流行元素做配件後，賦予了每件舊衣一個獨特性的流行概念，而塑造出一種個性品味。

(二) 產品創新的創意來源

　　舊衣如何展現新意？陳基正二手衣工作室的服裝改造師需要多元創意，改造點子來自於多元的創新管道，包含：名設計師的點子、服裝雜誌上的圖片、名人與藝人的穿著搭配，以及從各個服飾店分店長所提供的第

一線資訊、網路調查等資訊。

(三) 與行銷大師 Michael E. Porter 提出的策略相似

陳基正的二手衣王國能創業成功，除了憑藉膽識外，其實他的營運操作方式正與商業行銷大師 Porter 的行銷策略有三個要點不謀而合：

1. 成本領導策略 (Cost-leadership Strategy)

在商業模式中的「低成本策略」是業者透過一套功能性政策，使企業相對於其他競爭者取得整體成本領先地位，此套功能性政策包括：企業中的各項設施達到最有效率的規模、憑藉經驗控制成本與經常性費用、設計易於製造之產品（網路、電話大量下單）。

陳基正能壓低二手衣的的取得成本，是因為他的美國工廠、倉庫都擁有源源不絕的貨源，當然陳基正也以大量採購的方式有效進行降低成本的策略。

2. 差異化策略 (Differentiation Strategy)

差異化策略是指企業所提供的產品或服務是創新、特別的，能與其他競爭者形成差異化，在市場終能創造出自家廠牌獨一無二的特色。

陳基正的二手衣王國在進入臺灣市場時剛好符合臺灣市場需求，又正好尚未有其他服裝業者進入競爭，陳基正以一種開創者的姿態進入，取得了商品差異化，也贏得了競爭力，另外，陳基正的二手衣還深具三項特色：

(1) 產品樣式組合多樣。

(2) 商品獨特、具差異性，酷帥、與眾不同。

(3) 店面裝潢風格別具特色，平均每兩個月重新裝修一次。

因為有了多項差異化特色，陳基正的二手衣才能在服裝市場大行其道，創業成功。

3. 集中策略 (Focus Strategy)

　　所謂的「集中策略」是指企業專注於特定客戶群、產品線或地域市場做經營，由於能專注於特定目標做開發，因此企業能以更高之效能或效率，達成小範圍之策略目標。

　　陳基正的二手衣王國當時將自身品牌聚焦在開創二手衣的流行品味，將資金、心力、時間都做最有效率的運用，才能成就二手衣王國，為自己賺進第一桶金。

(四) 市場新機會

　　除了在經營模式上與商業大師 Porter 不謀而合外，陳基正對服裝市場也具有敏銳的嗅覺，能看出未來趨勢，並能在新市場中站穩一席之地，當時的陳基正看到了市場上三個契機：

1. 亞洲市場。
2. 全球化所帶來的新興國家市場：印度、中國、巴西。
3. 二手衣是很多熱衷名牌，又畏懼高價的人一個很好的選擇。

　　我們可以用「心智繪圖法」來為陳基正二手衣王國畫出一個更清楚的策略心智繪圖，如下圖所示：

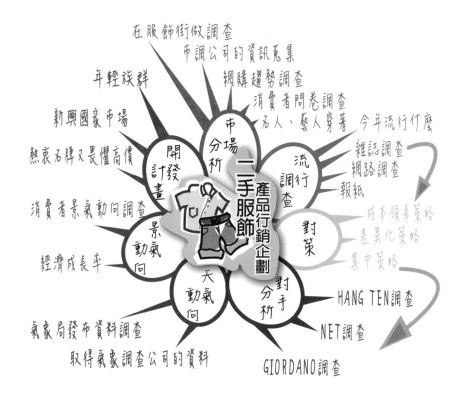

繪圖者：亞洲大學商品設計系邱慧瑜

　　另外，我們也可以用「心智繪圖法」來分析出陳基正的二手衣王國的創新來源與競合者（既競爭又合作者）的關係圖：

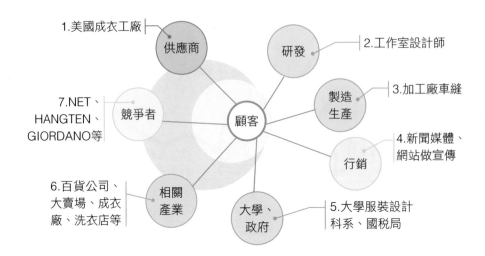

　　陳基正二手衣王國的創業成功經驗告訴我們，即使你的想像好似天馬行空，也不要去壓抑、抹煞，因為它所激發出的創意，說不定就能開創新局、帶來商機，若能跳脫既有框框的認知與心態，並能客觀分析市場、分析商業模式後主動出擊，並訂下目標，跳脫框架，突破固有思考，就有成功機會。藉由心智圖分析，我們看到陳基正的二手衣王國不只是靠著勇氣創業成功，他在客觀分析市場、運用商業模式上也有其獨到之處。

創意學習誌

　　本章第一部分介紹了心智繪圖法的來源、核心精神以及基本操作方法。心智繪圖法是一種擴散思考的創意思考方法，藉由顏色、符號、線條、圖畫，並配合關鍵字詞，將腦中所有相關概念做一番整理，以視覺化或圖像化繪製出屬於自己的心智筆記圖，幫助我們做深層思考。一幅心智圖只要展開三階段已經算是相當完整了，在完成心智繪圖的過程中，也幫助我們融合了創意、可行性。本章第二部分介紹的是心智繪圖法的延伸運用，在個人日常生活的運用方面包括：「申論題考試的快速記憶」、「暑假花東旅遊規劃」；在公司創業模式分析上的運用方面，我們以「陳基正二手衣王國的成功模式」做例子說明。心智繪圖法可以幫助我們在創意思考及思路分析上獲得豐盈的收穫。

延伸閱讀

1. 荻原京二、近藤哲生著／李漢庭譯《考上就靠心智圖——公職、升學、就業、證照》，智富出版社，（臺北市：2011 年 1 月初版）。
2. 中野禎二著／李惠芬譯《心智圖圖解術：直搗核心，解決問題》，世茂出版有限公司，（臺北市：2009 年 9 月初版）。

Chapter **4**

KJ 法與區塊法

一、KJ 法

KJ 法 (Kawakita Jiro Method) 原稱為「紙片法」，又稱 A 型圖解法、親和圖法 (Affinity Diagram)，在日本企業中曾是最具代表性的創意方法，是由日籍的文化人類學家川喜田二郎 (Kawakita Jior) 所提出的理論，因此 KJ 法的命名其實是川喜田二郎先生英文姓名的縮寫。

川喜田先生在研究尼泊爾的當地文化時，將採訪資料彙整在 A6 的紙張上，在閱讀整理上卻造成他很大的困擾，因此，他改成將一個個重點分別寫在一張張小張的字卡上面，在分類整理上就便利許多。川喜田先生透過這些小紙片，將大量的資料做有機的組合和歸納後，問題的全貌逐漸明朗，之後川喜田先生才能順利進入建立假說或創立新學說階段，後來他把這套方法與頭腦風暴法 (Brainstorming) 相結合，就成了現代人所熟知的 KJ 法。

KJ 法透過資料的組合及歸納方法，將類似概念的卡片逐一分類、歸檔，這是屬於積少成多的歸納法，只要在同一類的卡片中掌握住關鍵字，同類型資料的標題就會從腦中自然浮現。川喜田二郎先生就是藉由這個方法，將文化訪談資料逐一分類、找出關鍵字、下標題後，再彙整成檔案報告書。我們可以看到 KJ 法是利用紙卡做分類的簡易過程，先將紙卡同一大類做分類，分別貼在同一區塊，再仔細看看是否可以再從大類中分出小類，分好類別後再為它們下一個標題，如下圖所示：

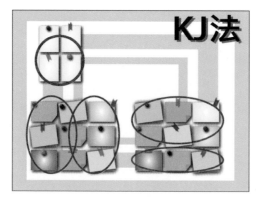

繪圖者：亞洲大學商品設計系邱慧瑜

(一) KJ 法在團體討論時的實施步驟

KJ 法不只是個人在彙整資料、寫研究報告時可以使用，就連企業部門在開檢討會議、創意發想時都是一種便利有效率的創意思考方式，非常適合運用在團體討論，因為它是一種集思廣益的創意思考法。

先將主要問題提出後，主持人發下小紙片，讓參與成員好好思考後，再把想法寫在小紙片上，一個想法寫在一張紙片上，方便做分類。主持人再將團體中不同成員的意見、想法和經驗，透過小紙片全部不加取捨地蒐集起來，再利用這些資料間的相互關係予以分類整理，從而採取協同行動，求得問題的解決。KJ 法的使用有利於打破現狀，進行創造性思維。

只要掌握以下幾個原則，即可以將 KJ 法事半功倍地運用在團體會議上：

1. 決定討論主題。
2. 組織討論團體。
3. 多向思考會議。
4. 紙片製作。
5. 編組。
6. 依據組別之重要性投票。
7. 按組別之重要性進行排序。
8. 編排卡片。
9. 確定方案。

管理科學博士梁立凡在 KJ 法實際操作上頗有心得，他建議實施 KJ 法時理想人數是 7～9 人的小團體規模，每次進行時間至少三小時，六到八小時實屬正常。進入 KJ 法討論室前，主持人必須先擬好問題，且問題必須中立、沒有影射和指責意味，每個參與成員必須先做足準備功課，確定好自己的答案，才能達到最佳效益。

我們可以看到在團體討論時透過 KJ 法，營造出團體成員的參與感，藉由小紙片的分類、整理、歸納，也能提升會議的具體討論成果，如下圖所示：

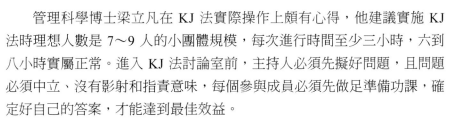

繪圖者：亞洲大學商品設計系邱慧瑜

　　在進行 KJ 法團體討論時，我們要先確定好問題，還要邀請所有可以提供相關訊息的人員到場，並把自己的意見、想法寫在小紙片上。蒐集了所有人的小紙片後，再把相似的意見做選擇淘汰，之後再將眾多紙片做好分類整理，並訂下關鍵字，問題的脈絡及解決的方案就會在此時慢慢呈現出來。當解決方法出現後，主持人要請參與者在最終的 KJ 圖上簽名，代表這個作法是來自於眾人的共識，也是一種共同的承諾。透過 KJ 法組織團隊的成員可以有效地溝通，瞭解因果關係，釐清問題表象 (Symptom) 和根本原因 (Root Cause)，得到共識，並贏得組織裡夥伴的承諾 (Commitment)。

　　西方有句諺語是：Do the right thing at the right time and by the right people. 在對的時間用對的人做對的事，才可以順利解決問題。透過 KJ 法進行討論，可以讓企業中相關人士聚在一起，並透過小紙片寫下每個參與成員對問題的看法，因為 KJ 法的小紙片採不具名方式，可以讓組織成員無負擔的寫下想法。另外，在關鍵字分類過程中，組織成員要一起合作，也加強了成員的凝聚力。最後一階段完成討論，到達執行步驟時，也會因為成員曾經一起參與整個討論過程，對整個流程是熟悉的，因此在執行階段時組織成員會更為認真參與。

(二) KJ 法範例說明——新疆艾比湖流域生態環境治理方案

1. 背景說明

　　艾比有向陽之意，艾比湖是個向陽之湖，也是個極具美妙風光的大湖泊，位於中國和哈薩克斯坦邊境，是新疆省面積最大的鹹水湖，由博爾塔拉河、精河、奎屯河等多條內流河匯聚而成，為準噶爾盆地的最低點。

　　艾比湖水面積曾超過 1,200 平方公里，但近半個世紀以來，由於附近區域的經濟快速發展，人口和農業也快速增加，讓艾比湖的湖水量銳減，再加上艾比湖處於風力極強的阿拉山口的風口處，讓它飽受中國沙塵暴摧殘，艾比湖已經面臨重大危機。

　　為了解決艾比湖水量銳減的問題，需要整合不同領域專家，以便集思廣益，找出有效的解決方案。最後，研究小組決定採用 KJ 法，針對艾比湖的生態保護、水土保持與荒漠化進行防治工作，並做好艾比湖的土地資源管理、地理訊息工程等。為了達成此次艱鉅的任務，找來不同專業領域的 30 位研究人員和專家，進行了大規模調查，並將這些專家所提出的意見寫在小紙卡上，經過初步篩選整理後，剩下 59 張卡片。接著，再將這59 張卡片內容做好編號、排序。

　　之後進入編組階段，依據紙卡上相近的內容，可以將這 59 張卡片分類出五個大組別，並將這五大組別定下關鍵字，分別是：

(1) 艾比湖生態環境惡化的自然原因。
(2) 艾比湖生態環境惡化的人為驅動力。
(3) 艾比湖生態環境惡化的明顯狀態。
(4) 艾比湖的治理目標。
(5) 艾比湖治理的具體措施。

　　最後再將 59 張卡片分別歸納進入這五個大組別，再做出更細部的分析，即可讓問題成因及解答方式更清楚呈現出來。

2. 運用 KJ 法為艾比湖流域生態環境找到治理方法

　　綜合艾比湖的治理措施，主要有兩大方面：一方面在體制改善上，加

強水資源統一管理，建設節水型方案；另一方面是要從工程措施部分做出改善，讓艾比湖的湖水量不再面臨銳減的危機。

(1) 節水改善措施

① 農業節水：透過改造灌溉工程、技術、制度等方式，實現農業節水的目標，讓艾比湖的湖水量不會因為鄰近區域的農業發展而受到威脅。

② 工業節水：透過改造工藝設備、限制高耗水項目、提高迴圈用水等技術，讓艾比湖附近的工業用水可以在總使用量上明顯減少。

③ 生活節水：透過提高市政效率，節水器具費用補助，讓艾比湖附近居民的節水器具可以更普及，以減低居民日常生活的水量使用。

④ 透過加強水情使用預報、居民日常生活水量調配額度、水質控制與保護等具體方式，統一管理艾比湖湖水量及相關水資源使用狀態。

(2) 工程改善措施

① 在艾比湖附近修建水庫和跨流域調水等水利工程，讓艾比湖的湖水使用可以更具效益。

② 在艾比湖附近進行濕地規劃、主風道治理，並在附近種植樹木、草皮，或是發展人工草地，用來管制艾比湖附近生態的環境用水量與用水品質。

③ 發展環境建設工程，如：風力發電、太陽能發電等工程的開發。

④ 運用 3S 系統(GIS、RS、GPS)，建立監測管理體系等其他工程措施，讓一般民眾對生態環保意識等觀念有正確的認識。

KJ 法的一大優點是可以幫助研究者從一大堆繁雜紛亂、毫無程序的訊息中，整理出有條理、有系統、有結構的資料，以方便解決問題，但麻煩的是使用 KJ 法需要相當長的時間對資料做研究與分析，還要召集專家和相關人員來進行討論，並將所提出的意見進行淘汰、整理、編組及訂出關鍵詞。

(三) KJ 法範例說明——如何研發數位試衣間

1. 背景說明

　　現在的科技日新月異，不但在日常生活裡帶給我們許多便利和驚喜，而且這些人工智慧的產品，也不斷被應用在商業模式中，除了帶給消費者驚喜有趣的感覺，還可以幫助消費者節省時間、增加效率，甚至減低成本呢！雖然將科技產品運用到消費市場的好處不勝枚舉，但是畢竟科技產品的本質也只是機器模式，不是真正的人際互動，運用科技產品進入消費市場時，總還是會有許多疑難雜症，需要隨時反應、及時解決。企業若在引進科技產品前就先想出一套管理機制，就能為消費者開創出更新、更好的消費體驗。

　　流行服飾業一直是推陳出新的行業，消費者的心態總是在不斷追求潮流與時尚的體驗，除了對服飾設計樣式有所追求外，消費者對購買服飾時所延伸的創新體驗同樣也比較容易接受，若業者能將新的科技產品提供給消費者，並為消費者帶來便利、新奇、有效率的全新體驗，對業績成長是絕對有幫助的。數位試衣間即是流行服飾業想要結合新科技推出的高效率新產品。

2. 研發數位試衣間的具體步驟

　　數位試衣間的開發是一項全新的嘗試，但一個有創意的想法又該如何變成一個可運作的商業模式？我們可以利用 KJ 法邀請相關領域的專家、服飾店駐店店長、各年齡層消費者等，約 7～9 人為這個問題提供具有創意的想法，發揮集思廣益的效果，一起為研發最高等級又最能符合消費者滿意的數位試衣間努力。

第一階段：

　　一開始專家的創意想法滿天飛，小紙片一張又一張都寫滿了深具創意的點子，卻還看不出點子與點子間的關聯性，如下圖所示：

如何研發數位試衣間（IDEA 篇 1）

5D 數位化	價錢明朗化	新奇冒險的試衣間	音效和讚美
客戶的隱私權	兒童試衣間	折價優惠方案	線上交易糾紛
保密資料原則	線上試衣間		

 ### 如何研發數位試衣間（IDEA 篇 2）

產品權維護	舒服的香氣	年輕化的試衣間	簡單的會員登記
穩重的試衣間	栩栩如生的背景	顧客的吸引力	刊登於時尚雜誌中
品質和價錢	網頁妥善的照顧		

第二階段：

接著我們要完成一個艱難的階段──分類並訂下關鍵字。當我們以小紙片蒐集了所有參與者的創意想法後，必須依據經驗，將相似概念的紙片放在同一類，並定出關鍵字。我們將上面小紙片所提供的創意想法分成五大類，並訂下關鍵字，分別為：創新、創意、管理、維護、行銷，並將相似概念的小紙片歸類到五大類主題去，如下圖所示：

 如何研發數位試衣間（分類篇 1）

 如何研發數位試衣間（分類篇 2）

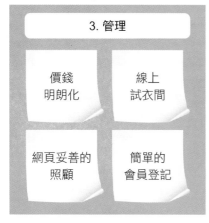

如何研發數位試衣間（分類篇3）

我們再將上面數個重點圖表濃縮處理，精簡成一個圖表，如下圖所示：

 如何研發數位試衣間（分類篇4）

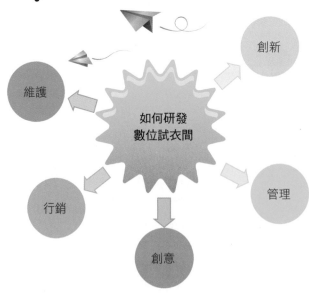

藉由上面的紙片分類法，我們分出五大主題，也從五大主題下面的小紙片歸納出具體可行的創意想法，從這些分類資料中，幫助我們掌握了數位試衣間應該具備的功能及初步概念。接下來我們要對如何完成數位試衣間再做更細部的內容擬定，這時我們需要用文字將想法、作法完整地記錄下來。

第三階段：

針對如何研發數位試衣間，擬定更細部的內容大綱：

(1) 創新

　① 研擬未來是否能把數位試衣間改成 5D 數位化設備。

　② 在數位試衣間釋放出讓消費者備感舒適的芳香氣息。

　③ 讓消費者在數位試衣間試穿衣服時，能聽到個人化的讚美音效。

　④ 在數位試衣間角落顯示試穿商品的材質和價位訊息。

(2) 創意（針對不同族群量身訂做的數位試衣間）

　① 針對兒童打造一個有趣又驚奇的兒童試衣間。

　② 針對年輕人設計一個新奇、富有冒險精神的試衣間。

　③ 針對成年人規劃一個大方又舒適的試衣間。

　④ 針對老年人打造一個讓自己看起來較為年輕化的試衣間。

(3) 管理

　① 商品定價清楚，店家在收費時要仔細核對金額，避免購買後不必要的紛爭，莫讓消費者對店家誠信產生疑慮。

　② 線上試衣間和數位試衣間是一個虛擬空間，要讓這個虛擬空間為消費者帶來滿足感，讓消費者在試穿衣服時感到開心、有趣。

　③ 做好簡單的會員登記，若之後在線上交易發生糾紛時，可以及時聯絡消費者，並做最有效率的處理。

　④ 為數位試衣間產品做一個專屬網頁，並管理好客戶的流量和各種可能小漏洞，如：數位試衣間有人在使用時，或高朋滿座時，如何為正在門外等候的客戶做好妥善的照顧，防止他們因為忍受不了枯燥的等待，而放棄進入數位試衣間。

(4) 維護

　　數位試衣間定位為高科技產品，商家對功能維護要更加謹慎，避免顧客在使用時發生故障或服務瑕疵等狀況。數位試衣間需要高品質的維護，還要注意同業是否也引進類似商品，要隨時提醒自家企業商品、服務要一直在同業中保持領先位置，並持續帶動消費者在試衣時的新奇、便利性訴求，以下四點是具體可行的作法：

① 對客戶的資料要做好保密原則。

② 數位試衣間的產品權要做好維護，並注意使用權的保護。

③ 注意客戶隱私權的保密，才能持續獲得客戶的信任。

④ 數位試衣間的產品價錢一定要仔細核對，金額一定要正確，避免線上交易糾紛，更要防止消費者對店家產生疑慮等問題。

(5) 行銷

① 可以在數位試衣間的左上角做一個「折價優惠方案」選項，以提高顧客的購買意願。

② 在數位試衣間的衣服上增添生動逼真感，並在背景上多做一點變化，讓客戶喜歡上這項產品，但別做得太過火，否則消費者實際拿到衣服時會有被欺騙的感覺，反而得到反效果。

③ 可以在入口網站的廣告板上做一個數位試衣間的行銷，並做數位試衣間的優點介紹，吸引顧客注意，並願意嘗試。

④ 將數位試衣間的相關內容刊登於時尚雜誌上，讓消費大眾了解數位試衣間的方便和省時。

第四階段：

　　接著，根據上面的細部擬定文字，我們再從這五大類資料中找出彼此之間的關聯，並畫出「如何研發數位試衣間的關聯圖」，如下圖所示：

如何研發數位試衣間（關聯篇）

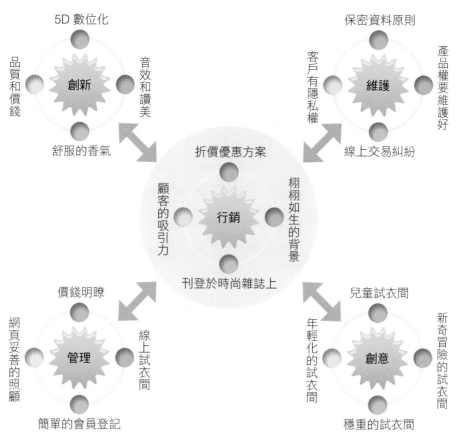

　　藉由上面關聯圖，我們可以發現每個創意想法都歸屬在整體策略中的一個位置，並構成一個環節，每個環節又構成一個環環相扣的整體。接著，我們再從上面的圖表中找出如何研發數位試衣間最迫切，或是最具體可行的方針，並訂下具體的計畫時程表，如下圖所示：

如何研發數位試衣間（選擇篇 1）

在數位試衣間釋放出讓人舒服的香氣

在數位試衣間做一個只有試穿者才能聽到的音效和讚美

替小孩子做個很有趣又驚奇的兒童試衣間

專門為成年人做一個穩重又注重場合的試衣間

設計個簡單的會員登記

 如何研發數位試衣間（選擇篇 2）

數位試衣間是一個樂園般的虛擬空間
讓來花錢買衣服的客戶是開開心心的

數位試衣間的產品權要維護好
不讓別人亂用

提升管理客戶的隱私權

在數位試衣間的左上角做一個折價優惠方案

刊登於時尚雜誌上並且讓大眾了解到
數位試衣間的方便性和省時性

3. 總結

　　藉由 KJ 法的創意思考，讓我們得以集思廣益，蒐集各種創意點子，並經由一個步驟、一個步驟，畫下圖表、寫出文字後，制定出一系列具體可行的方針，對研發數位試衣間的產品擬定上，提供具體可行的作法。

　　上述 KJ 法的使用能幫助業者在最短時間內開發出新一代的數位試衣間，並加以推廣和行銷，使它成為流行的新指標，讓創意點子變成創新商品，讓仰賴高科技生活的消費者，得到更大的便利和趣味，也為業者帶來創新產品後的營收利潤。

二、區塊法

(一) 區塊法介紹

雖然 KJ 法能集思廣益，將眾人的創意點子變成具體可行的創新方案，不過使用 KJ 法討論是相當耗時費力的，因此我們可以採取截長補短的方式，發展出一套簡易的彙整方法，即將所蒐集到的大量資訊，分為不同區塊來做分類處理，因此這方法就稱為「區塊法」。

(二) 區塊法在團體討論時的實施步驟

與 KJ 法的實施步驟類似，先提出主要問題後，讓參與成員有足夠時間思考問題，再把想法寫在小紙片上，主持人再將團體中不同成員的意見、想法和經驗，透過小紙片蒐集起來，再利用這些資料間的相互關係予以分類整理，從而採取協同行動，求得問題的解決方法。與 KJ 法不同的是，卡片數在每個區塊只能控制在 10 張以內，所以參與的成員和所提供的意見都要再濃縮，使用區塊法可以讓問題更聚焦。

(三) 區塊法範例說明——創意冰箱設計

業者研擬開發一款新型冰箱，先讓公司內部重要部門主管一起參與「創意冰箱設計」會議（參與人數不宜太多，大約 3～5 人），一起研擬公司即將要開發的新型冰箱樣式。

首先要讓參與成員對問題認真思索後，再把想法寫在紙片上（每個想法都是經過深思熟慮的，所交出的紙片意見也都是有相當的參考價值），接著主持人淘汰相似意見，並以區塊做出五大歸類，分別為：門、冰箱外壁、馬達、收納功能、附屬設備。再將紙片依序放入所屬類型之中。如下圖所示：

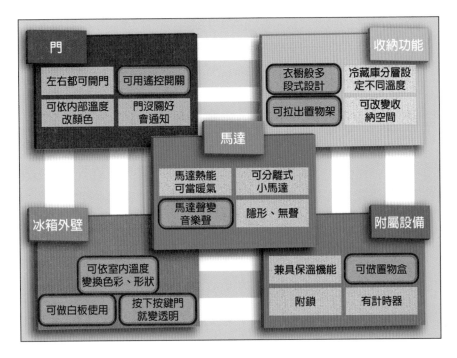

接著我們再從五大分類的圖表中仔細思考，並考量公司現有的資源、核心主力等狀況，從中選取屬於公司實際上真正能完成的「創意冰箱設計」重點有哪些？再以文字製造成一個清晰目標圖。如下圖所示：

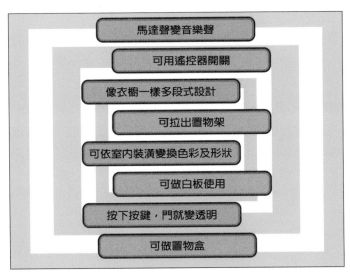

繪圖者：亞洲大學商品設計系邱慧瑜

藉由區塊法的討論過程，配合圖表的使用，可以讓公司所有成員清楚知道在創意冰箱設計上的重點項目，以及為何會如此下定策略的過程，有助於讓公司所有成員團結一致，並結合所有資源集中心力完成目標。

(四) 區塊法範例說明——多功能電風扇設計

炎炎夏日，除了冷氣外，電扇也是幫助我們解決燠熱的好幫手，在消費市場上如何藉由創意點子，並結合高科技技術，讓電扇產品以一種創新設計，成為消費者眼中的明星商品呢？傳統上只具有吹風功能的電扇已經無法滿足消費者需求，如何在外型、功能上都將電扇做一次全創新的改良呢？這時舉辦一個區塊討論會議是一個很好的選擇。

先讓公司內部重要部門主管一起參與「創意電扇設計」會議，參與人數大約在 3～5 人左右，大家共同研擬公司即將要開發的新型電扇的樣式與功能設計。

先讓參與成員好好思索問題後，在紙片上寫下重要想法、畫下設計圖，主持人帶領大家共同淘汰相似意見，並以區塊法做出三大類別，分別為：外型、軸、底座。再將紙片依序放入所屬類型的區塊之中，接著在三大區塊中再找出最適合的方案。只要看到三大區塊中所保留的方案後，企劃小組馬上就可以知道創意電風扇該如何設計、製作，團隊的目標明確，工作效益也能快速提升。

接著讓參與會議人員一起思考新型電扇的主要外型如何做設計？並區分為軸面、底座兩大區塊再做討論，並將討論後重要意見放入所屬區塊內。

運用區塊法研發出的創意新型電風扇擁有許多新功能，新的電風扇一體多用，外觀為瘦長型較不占空間，而且利用太陽能板，具有環保節能的效用，並與現在科技做結合，可以省下購買其他附加功能的費用。

創意學習誌

　　本章第一部分介紹了 KJ 法的來源、核心精神以及基本操作方法。KJ 法原稱為「紙片法」，在日本企業中曾是最具代表性的創意方法之一。KJ 法透過資料的組合及歸納，將類似概念的卡片逐一分類、歸檔，屬於積少成多的歸納法，只要在同一類的卡片中掌握住關鍵字，同類型資料的標題就會從腦中自然浮現，而問題的解決方案也會很神奇的在此時出現。本章第二部分介紹 KJ 法的實際運用，以「如何成為創新的企業？」為例做說明，接著以「新疆艾比湖流域生態環境治理方案」、「如何研發數位試衣間」為例，做更詳細的說明。

　　透過 KJ 法可以發揮集思廣益，多方蒐羅創意點子的效果，不過要花費相當多時間及相當大心力去做資料的分類整理，因此我們研發出區塊法，藉由區塊法可以用較為精簡的時間、人力、心力，一樣可以得到集思廣益的效果，且更能聚焦在主要問題上，不過所蒐集到的創意點子相對就會少很多。

　　不論是「KJ 法」或「區塊法」，兩個方法都可以幫助團隊在創意思考及思路分析上獲得豐碩的斬獲，端看我們欲達成的目的為何，再思考兩者之中何者最為適用。

 延伸閱讀

1. 戴菲、章俊華《規劃設計學中的調查方法7──KJ 法》，中國園林出版社，（2009 年初版）。

2. 田海霞《KJ 法的實際運用》，中國質量出版社，（2008 年初版）。

Chapter 5

萃智法

一、萃智法 (TRIZ) 介紹

在介紹萃智法之前，我們先來分享一個關於天才解決問題的思路模式：

面對一個問題時，大多數的人都只是去尋找一個最合理，或是最適合自己的答案，任務就算完成了，但天才則會竭盡所能，從問題的各個面向去做觀察與思考，即使這個問題已經有一個明確又簡單的答案了，天才仍舊會去思索是否有別的可能性。著名科學家愛因斯坦有一次被問道：「你覺得自己和平常人有什麼不同？」他認真又嚴肅地說：「如果你要求一個普通人在一堆草堆中找尋一根針，那麼他們會在找到一根針之後就覺得可以收工了，而我會繼續找，把草堆翻遍找盡，直到把裡面的每根針都找出來為止。」

萃智法的精神就是愛因斯坦所說的「我會思考各種方法，並試著把每一根針都找出來！」

在各種解決問題的方法中，大致可分成三個大方向：傳統的腦力激盪法、實驗設計方法、系統化的萃智法 (TRIZ)。比較三種方式後，我們發現腦力激盪法產生的問題是讓思緒太過發散，聚焦不足，或是讓思緒在原地打轉，不容易找到適宜的方法。實驗設計式的方法消耗太多資源，努力找到的方法不見得符合經濟效益。而萃智法是經過一系列系統性的方法為依歸，除了讓創意點子的發想可以源源不絕出現外，還能直指目標，並參照前人成功案例，為目前的問題與困境打造出最佳解答。

萃智法 (TRIZ) 是「發明問題解決理論」的簡稱，由俄文 Teoriya Resheniya Izobretatelskikh Zadatch 縮寫而來。在西元 1946 年，由蘇聯發明家兼工程師根里·阿奇舒勒 (Genrish. Altshuller) 與他所帶領的團隊從 250 萬份發明專利資料中做分析研究後，總結歸納出來的一套發明創新理論。

當時根里·阿奇舒勒與這群頂尖的工作團隊使用了 39 個參數、40 個原理做出一個檢核表，針對問題點加以分析、找出矛盾處，並利用矩陣運算，試著從中找到解決方案。之後萃智法被引用到企業創新上，透過萃智

法的有效運作，可以成功萃取出企業產品發展進化的客觀規律，並提出一系列符合科學化的分析、解決問題的具體流程和方法，在科學研究中遇到了技術難題時，也可以藉由萃智法的運用實際地發揮創造精神，並有效解決問題，因此萃智法又被稱為創新法中的「點金術」。

　　萃智法起源於蘇俄，卻成功地行走全世界，例如：萃智法 (TRIZ) 以英文的說法是：Theory of Inventive Problem Solving (TIPS)。若以中文的說法則是：解決發明家任務理論。從中、英文的說法中，可以發現萃智法是一套相當實際、效果顯著的方法學。萃智法是一套邏輯周延，順序清楚的解決問題方法學，它有一套概念流程圖，如下圖所示：

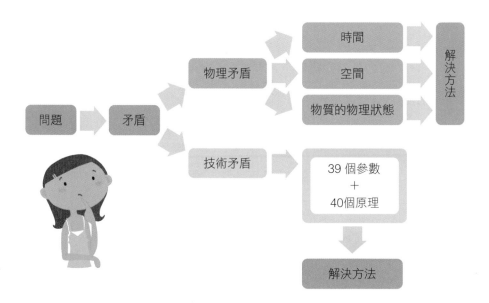

(一) 物理矛盾──突破時間限制的例子 1

　　2005年，日籍作家恩田陸以《夜間遠足》獲得第二屆書店大獎，以及第二十六屆吉川英治文學新人獎，書中他提到了「24 小時行軍」概念，就是讓軍隊從早上八點一路不休息地走到隔天早上八點，若再把這概念稍做延伸，就是一個突破時間限制的行軍方式，也就是讓每個人、每分鐘都在行進中。這不是天方夜譚，只要稍微動點腦筋就可以辦到。試想：若將

部隊分成三個人一組，每個人一次都分配兩個小時的睡眠時間，並睡在擔架上，由其他兩個人抬著擔架往前走，兩小時之後再輪下一個睡，由另外兩人抬著擔架繼續行軍，如此一來，每個時間點、每個人都在行軍的路程中，用這個方法行軍就可以成功突破時間的限制，在整體的速度上也達到了最高效率，這就是萃智法的運用。

　　運用此萃智法已可成功突破物理的矛盾、時間的限制，而創造出一支超猛快行軍，相信這支迅猛軍隊可以用驚人的速度發揮出極佳的戰鬥力。下圖為示意圖：

繪圖者：亞洲大學商品設計系邱慧瑜

(二) 物理矛盾──突破時間限制的例子 2

　　電影「世界是平的」(Outsourced) 故事講述某企業在降低經營成本的考量下，將電話客服業務外包到印度去，因為印度人不但會說英語，工資又相對低廉，最重要的是美國的夜晚剛好是印度的白天，如此一來，即能讓客服專線保持 24 小時暢通狀態，又節省一筆夜間加班費。

「世界是平的」(Outsourced) 描述的是美國企業能透過外包業務到印度，以降低成本的概念，其實也是以物理方法突破時間限制的最好例子，不但可以讓電話客服部門保持 24 小時暢通以服務顧客，更重要的是降低了美國企業極大的人事成本，可謂一舉數得的創意金點子。

二、運用萃智法的「分離概念」解決問題

(一)「空間分離」概念

　　所謂的「空間分離」，指的是將矛盾的雙方在不同的空間上加以分離，當關鍵子系統的矛盾雙方，在某一空間中只出現特定一方時，便可以進行空間分離。

案例：輪船與聲納探測器的分離

　　早期把聲納探測器安裝在輪船上的某個部位，但是聲納探測器在進行測量工作時，輪船本身在行進時所發出的聲音，會對聲納探測器產生一定程度的干擾，而影響了測量精準度。工程師經過一番苦思與技術研發後，最後的解決方法是輪船利用電纜，將聲納探測器拖行至千米之外去進行測量工作，因此，聲納探測器與產生雜訊的輪船在空間上已處於分離狀態，彼此互不影響，問題就順利解決了。

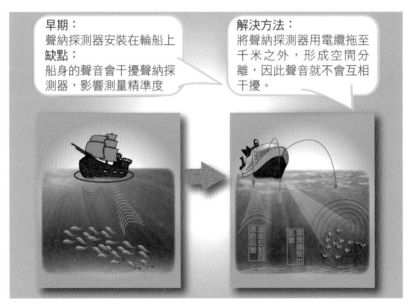

早期：
聲納探測器安裝在輪船上
缺點：
船身的聲音會干擾聲納探測器，影響測量精準度

解決方法：
將聲納探測器用電纜拖至千米之外，形成空間分離，因此聲音就不會互相干擾。

繪圖者：亞洲大學商品設計系邱慧瑜

(二)「時間分離」概念

所謂的「時間分離」，指的是把矛盾雙方在不同的時間點上加以分離，以解決問題或降低解決問題的難度。當關鍵子系統的矛盾雙方，在某一時間點上只出現特定一方時，就可以進行時間分離。

 ### 案例：折疊式自行車

折疊式自行車在正常騎乘時，體積較大，但在需要儲放或搬運時，可將腳踏車車體加以折疊，之後腳踏車車體的體積將會縮小，以節省存放空間。因為騎乘腳踏車時與儲存腳踏車時是發生在不同的時間點上，因此我們可以用「時間分離」這個想法來做思考，用以解決縮小腳踏車車體，以方便存放的問題。

(三)「條件分離」概念

所謂的「條件分離」，指的是將矛盾雙方在不同的條件下分離，以解決問題或降低解決問題的難度。當關鍵子系統的矛盾雙方，在某一條件下只出現特定一方時，可以進行條件分離。

 ### 案例：流理臺濾杯

在廚房中使用的流理臺濾杯，對於水而言是多孔的，允許水流過；但是對於食物殘渣而言，它必須是剛性的，因為它需要能有效阻止食物殘渣流到水管去，才能避免水管阻塞。

(四)「系統級別的分離」概念

所謂的「系統級別的分離」概念，指的是將矛盾雙方在不同的層次下進行分離，以解決問題或降低解決問題的難度。當矛盾雙方在關鍵子系統的層次只出現特定一方，而在其他子系統、系統或超系統層次內不出現

時，即可進行系統級別的分離。

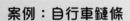 **案例：自行車鏈條**

　　對於自行車鏈條來說，在微觀層面（也就是每個單獨的環節上）是剛性的，不能再進行分割，它是獨立的素材。而在宏觀層面（整個鏈條上）的概念是柔性的，當要組裝到腳踏車上時，再將每個環節進行結合，一起組裝到自行車上，自行車即可以運轉。

(五) 綜合運用案例：咖啡壺的設計

　　現代人重視生活品味，喝咖啡不只是一種時尚生活，也是一種重要的提神飲料，當人們需要到郊外去野餐、享受悠閒時光時，需要一杯杯濃醇咖啡相伴，由此推測，外出咖啡壺會是個熱門商品。

　　但是在設計一個攜帶型咖啡壺時，會面臨冷熱方面的物理矛盾，該如何解決？我們可參考上文所提供的幾個方法來作運用：

1. 空間上分離

　　我們可以把咖啡壺分成非保溫區和保溫區兩個部分，在非保溫區，加強對流換熱的功能，而在保溫區部分，我們可以強化咖啡的保溫效果。

2. 系統級別的分離

　　我們可以設計一組「壺加杯」的概念，咖啡壺負責煮出熱騰騰的咖啡，再搭配能迅速冷卻咖啡的咖啡杯，如此一來，咖啡壺只需具備保溫功能來提供熱咖啡即可。

咖啡壺的設計

當人們在設計一個攜帶型咖啡壺時，就會面臨冷熱方面的物理矛盾。如何解決？

空間上分離

把咖啡壺分成非保溫區和保溫區兩部分，在非保溫區，加強對流換熱；在保溫區，強化保溫效果。

系統級別的分離

可設計咖啡壺搭配能迅速冷卻咖啡的咖啡杯，如此一來，咖啡壺只需具備保溫功能來提供熱咖啡。

三、萃智法與四十項發明所運用的概念 (40 Inventive Principles)

　　四十項發明的概念其實就是來自於萃智法，我們可以歸結出以下四十種萃智概念：1. 分割；2. 分離；3. 局部品質；4. 非對稱性；5. 合併；6. 萬用；7. 套疊；8. 平衡力；9. 預先反作用；10. 預先作用；11. 事先預防；12. 等位性；13. 逆轉；14. 曲度；15. 動態性；16. 不足過多作用；17. 移至新的空間；18. 機械振動；19. 週期性動作；20. 連續有用動作；21. 快速作用；22. 轉害為利；23. 回饋；24. 中介物；25. 自助；26. 複製；27. 拋棄式；28. 置換機械系統；29. 氣體或液壓；30. 彈性殼／薄膜；31. 多孔材料；32. 改變顏色；33. 同質性；34. 拋棄再生；35. 改變參數；36. 相轉變；37. 熱膨脹；38. 強氧化劑；39. 鈍性環境；40. 複合材料。下文我們將會舉實際例子做詳細說明：

(一) 分割 (Segmentation)

　　所謂「分割」的概念就是使物體成為區段區塊或模組化，讓物體容易組裝與拆卸，可以運用在食物拼盤及組合式砧板等商品上。

(二) 分離 (Extraction)

　　所謂「分離」的概念就是從一物體中提煉、移除、分離出不想要與想要的零件或屬性，其中一部分零件發生故障或需要更換時，只須要換掉有問題的部分即可，不需要整組丟棄，符合環保意識。如：分離式墨水匣。

(三) 局部品質 (Local Quality)

　　所謂「局部品質」的概念就是使一個物體或系統的每一部分能執行不同與（或）互補性的有用功能，如：特殊功能的湯匙、冰塊另外隔開的酒杯等具有設計感的商品，都可以看出局部品質設計的概念。

(四) 非對稱性 (Asymmetry)

　　所謂「非對稱性」的概念就是改變物體或系統的形狀，以適應外部的非對稱性，如：蛋包飯鍋的鍋子即是採用非對稱性的概念所設計出來的商品。

(五) 合併 (Merging)

　　所謂「合併」的概念就是將相同或相關的物體、作業或功能實體連接或合併，如：情人雨傘的設計即是運用這樣的概念。

(六) 萬用 (Universality)

　　所謂「萬用」的概念就是將多種功能集於一身，並消除其他系統彼此間所產生的矛盾狀態，如：具有 115 種功能的瑞士刀。瑞士刀有別於其他刀子的特色就在於它集中了多種刀型於一身，而且可以隨意變化，讓使用者覺得它幾乎無所不能。

(七) 套疊 (Nested)

　　所謂「套疊」的概念就是將多數物體或系統放置在一個大物體或大系統內，而產生一個新的產品。如：照相機的伸縮鏡頭、俄羅斯娃娃等都是運用這樣的設計概念。

(八) 平衡力 (Anti-Weight)

　　所謂「平衡力」的概念就是能運用各種原理、方法，克服物體或系統本身重量所帶來的矛盾，使其產生一種特殊效能、美感設計，如：水上喇叭、磁力床的設計等，都是運用這樣的概念。

(九) 預先反作用 (Preliminary Anti-Action)

　　所謂「平衡力」的概念就是如果一個物體同時包含著有害與有用的效

益，而物體本身還有個高功能系統，不但可以進行偵測作用，還可以發揮反作用行動，以去除或降低有害的部分，如：iPod 和 iPhone 可自動計算、記錄使用者聽音樂的時間長短與音量大小，由程式自行判定是否該自動降低音量，以保護使用者的耳朵。

(十) 預先作用 (Preliminary Action)

所謂「預先作用」的概念就是預先導入有用的作用到物體或系統之中，被預先導入的系統或許只是一小部分，也或許是占了物體的全部狀態，如：藥片上的溝槽（方便患者切半服用）、有孔齒的郵票（方便使用者撕開使用）。

(十一) 事先預防 (Cushion in Advance)

所謂「事先預防」的概念就是採用事先預防或備案的方式，以補救物體潛在的低可靠性，如：備胎、汽車保險桿。

(十二) 等位性 (Equipotentiality)

所謂「等位性」的概念就是重新設計工作環境，以消除或減少使用者在舉起或放下物體的操作上所必須消耗的時間和心力，如：地磚磅秤。磁磚廠商事先將地磚的質量、大小做好切割，增加建築師、地磚師傅的工作方便性，減少鋪磚工作所需要的時間。

(十三) 逆轉 (Inversion)

所謂「逆轉」的概念就是改用相反的作用來取代原作用的設計方法，如：「游不完的泳池」。都會生活空間有限，寸土寸金，因此大家都要想辦法將小空間做最有效的運用，在設計游泳池時如何將空間最小化，卻能讓使用者享受類似真正游泳池的效能？「游不完的泳池」設計原理是這樣的：我們可以運用「逆轉」的概念，讓水不斷循環，雖然表面上人還在狹小的泳池不動，但使用者卻可以在游泳池內享受真正游泳的感覺。

(十四) 曲度 (Spheroidality)

所謂「曲度」的概念就是使用曲線取代直線、曲面取代平面、球形取代立方體，如：美國國會山莊的立體拼圖。

(十五) 動態性 (Dynamics)

所謂「動態性」的概念就是在不同條件下，物體或系統的特徵要能自動改變，以達到最佳的效果。如：「禮讓雨傘」，可用傘柄控制雨傘曲度，縮小使用空間，與路人擦肩而過時就不會干擾到對方；「情侶椅」，就是讓情侶兩人在感情甜蜜時並肩坐在一起，椅子會呈現出一個愛心形狀，若兩人吵架時可以分開坐，不過椅子看起來會像一個破碎的心形圖案。

(十六) 不足過多作用 (Partial or Excessive Actions)

所謂「不足過多作用」的概念就是如果很難達成百分之百的理想效果，就乾脆使用較多一點或較少一點的作法來簡化問題，如：在賣東西時，顧客要買 1 公斤的糖，店家可以一次次將貨品慢慢加到目標值，使顧客有愈來愈多的感覺。再如：要單獨測量一張紙的重量很不容易，那就可以先測量一百張紙的總重量，再除以一百，即可得到一張紙的重量。

(十七) 移至新的空間 (Another Dimension)

所謂「移至新的空間」的概念就是靈活使用物體的另外一面，以產生新的效益，如：「立體停車場」，也是靈活使用空間的概念，將空間延伸到上一層，使停車空間增加出一倍。

(十八) 機械振動 (Mechanical Vibration)

所謂「機械振動」的概念就是使物體重複產生震動或震盪，以提供使用者新的效益，如：超音波振動牙刷、氣血循環機等都是同樣使用機械震

動的概念。

(十九) 週期性動作 (Periodic Action)

所謂「週期性動作」的概念就是以週期性、規律的動作或脈衝來取代連續性的動作，並產生出效益。如：「ABS 煞車系統」，ABS 是以週期性動作自動採取一鬆一緊的方式，逐步使輪子停止轉動的煞車系統。再如：草地噴水設備也是採取週期、規律的方式進行灑水。

(二十) 連續有用動作 (Continuity of Useful Action)

所謂「連續有用動作」的概念就是物體或系統的所有部分，應以最大負載或最佳效率操作，而產生出最佳效益。如：滾筒式油漆刷、手動削蘋果機。

(二十一) 快速作用 (Skipping)

所謂「快速作用」的概念就是用高速度執行某一項行動，以消除有害副作用，而產生效益的一種設計概念，如：水刀洗車、眼睛雷射手術等都是運用快速作用來達成效益。

(二十二) 轉害為利 (Blessing in Disguise)

所謂「轉有害變有利」的概念就是轉變有害的物體或作用，以獲得正面的效果，如：以廢棄安全帶、安全氣囊製作包包，以廢棄輪胎管進行包包再生製造。

(二十三) 回饋 (Feedback)

所謂「轉有害變有利」的概念就是導入回饋，以改善製程或作用，如：Ambient Device 公司的氣象預報傘，就是利用傘把上閃動的藍光來提醒使用者外面氣候不佳，即將下雨。再如：「無障礙空間」的設計都是導入回饋的概念。

(二十四) 中介物 (Intermediary)

　　所謂「中介物」的概念就是使用暫時性的中介物，來增加原來物品的功能，當其功能完成後，此中介物可以自動消失，或是很容易移除，不會造成麻煩。如：「啤酒把手」的設計概念就是利用中介物概念。再如：「自動上掀馬桶蓋」，使用完後，馬桶蓋即自動往上掀。

(二十五) 自助 (Self-Service)

　　所謂「自助」概念就是一個物體或系統執行輔助的有用功能，來服務使用者，以增加其便利性，如：「TEFAL 熱感應設計的加熱紅心」，當達到最佳烹調溫度攝氏 190 度時，加溫紅心上的線條會完全消失，成為實心紅點。再如：「自動帳篷」，它具有自動固定系統，不需要由使用者辛苦的組裝。

(二十六) 複製 (Copying)

　　所謂「複製」的概念就是使用簡化或便宜的複製品取代昂貴的，或有弱點的物品及系統。如：為了彌補警力不足，警方設計「人形警察肖像紙板」，放置在公共場所以嚇阻犯罪。而臺南新化警察局門口有警察的人形立牌，就是為了方便民眾要求和警察合照時所設立的替代物品。再如：「半個男友抱枕」是設計商鎖定都會單身女子所做的行銷商品，商家看準了單身女子希望有可靠、溫暖的肩膀，又覺得帶一個真的男人回家頗為麻煩，因此複製出一個可替代男友的商品。

(二十七) 拋棄式 (Cheap Short-Living Objects)

　　所謂「拋棄式」的概念就是使用多個便宜或壽命短暫的物品，取代昂貴的物品或系統。如：「紙做的凱莉包」、「輕便雨衣」、「拋棄式隱形眼鏡」等等。

　　在 1956 年的《Life》雜誌封面上，放著一張摩洛哥王妃 Grace Kelly 拎著最大尺碼的包包 Kelly Bag 半掩著她已懷孕的身軀，呈現出一股優雅

的孕媽咪韻味，讓人印象深刻，後來 HERMÈS 先生乾脆用 Kelly 的名字為這個手袋做了獨特的命名。

　　若我們暫時還買不起這樣名貴的包包，那不妨就選擇自己動手做出這樣一個屬於自己的包包吧！愛馬仕 HERMÈS 推出了一系列紙做的凱莉包 Kelly Bag，這套商品多達 16 款花色，每款都各具特色，花紋極具時尚感，可供消費者選擇，並由消費者自己列印出來，再依照說明書自己完成紙工後，屬於自己獨特的紙做凱莉包就出爐了，當然，用舊了、髒了，可以直接拋棄後再做一個。

(二十八) 置換機械系統 (Replacement of a Mechanical System)

　　所謂「置換機械系統」的概念就是使用另一種感測的方法以取代傳統方法，可以透過聲光、視覺、聽覺、嗅覺、味覺、觸覺等方式取代原有的方法，如：紅外線感應垃圾桶。

(二十九) 氣壓或液壓 (Pneumatics and Hydraulics)

　　所謂「氣壓或液壓」的概念就是使用氣體或液體來取代固體的元件或系統。如：德國「保險套諮詢研究所」研發內建噴嘴的噴霧罐，只要輕鬆按壓罐子上的一個按鈕，可做出「360 度噴效」的噴嘴，而且可以立即前後上下，均勻做出乳膠噴射，形成一層薄膜，並立即做出適當的韌度和顏色，而且適合任何尺寸使用者，這種「現場製作」保險套的方式不但伏貼不會脫落，還具有創意性、話題性。

(三十) 彈性膜／薄膜 (Flexible Shells and Thin Films)

　　所謂「彈性膜／薄膜」的概念就是使用彈性殼和薄膜，將物體或系統與外在有潛在危險性的環境做出適當隔絕，以保護物體安全。如：中秋月餅、洗衣袋的設計概念，就是用一層薄膜來保護主要物體不受損傷。

(三十一) 多孔材料 (Porous Materials, Hole)

　　所謂「多孔材料」的概念就是使物體成為多孔性，或加入多孔的元素，以增加物體的新功能，如：廚房用的「漏杓」、多孔的巧克力。漏杓的設計概念即是用多孔的功能，讓使用者可以直接從湯鍋裡撈出固體食物。多孔的巧克力是藉由多孔的小洞讓蛋糕更鬆軟，讓巧克力味道更濃郁。

(三十二) 改變顏色 (Color Changes)

　　所謂「改變顏色」的概念就是藉由改變物體或其環境的顏色，使其發揮出功能，如：在路上滑行的 LED 滑板、夜間會發光的斑馬線，就是藉由改變顏色的概念，以及能在夜間發出有顏色亮光的特質，來發揮出應有的警示功能，增加了路人及使用者的安全。

　　電腦工程師結合 LED 燈的概念，創造出一個嶄新的產品——會發光的鍵盤，在敲打鍵盤時發出各色的亮光，對科技愛好者來說無疑有一種魔力，尤其是喜愛玩線上遊戲者，更是對此產品趨之若鶩呢！

　　另外還有相當受時下年輕人喜愛的夜光酷炫鞋，把七彩 LED 燈科技加入鞋子後，不但可以固定單一顏色，也可選擇自動變換出七種顏色，讓跑步不但是一種休閒運動，更成了一種酷炫的科技時尚。

(三十三) 同質性 (Homogeneity)

　　所謂「同質性」的概念就是藉由產生交互作用的物體，應使用同一種材料或有相同性質的材料互為搭配組合，使其發揮出功能，如：喝酥皮濃湯時，搭配可用麵包碗、吃冰淇淋時，用可食用的餅乾杯子。當消費者喝著濃湯，可以一併吃掉盛湯的麵包碗時，也成了一個飲食趣味；而吃冰淇淋時搭配吃餅乾，也引發了用餅乾來做成冰淇淋杯的概念。同質性概念的使用為消費者帶來了便利及趣味兼備的美食體驗。

(三十四) 拋棄再生 (Discarding and Recovering)

所謂「拋棄再生」的概念就是藉由已執行完成功能的物體或系統元件，能自行消失、溶解、揮發、拋棄的概念，使其發揮出功能，如：盛裝維他命 E 與魚肝油的軟膠囊、乾洗手，這兩項物品都是利用拋棄再生的概念所研發而成。膠囊不需要再分解，可以直接溶解而後被人體吸收。乾洗手液體倒在人體手上，直接搓揉後即能達到消菌目的，且不用再用清水洗滌，液體也直接被人體吸收。

(三十五) 改變參數 (Parameter Changes)

所謂「改變參數」就是藉由物體特性改變、性質轉變，來發揮出物體的功能，而物體特性的改變包含：可調式、濃縮式、名片型、超大型、迷你型，或改變物體的物理性質、化學狀態（固態、液態、氣態），或是改變濃度或密度、改變彈性（伸縮性、彎曲性、可繞度）的程度、改變溫度、改變壓力、改變長度、體積，或改變其他參數等狀態。如：最小的便利商店、最小的爆米花機，或是最大面額的鈔票（辛巴威一百兆）。

香港迪士尼樂園地鐵站內有一個迷你 7-11，一個推車，一個店員，東西不多，但生意不錯，很多臺灣人特別來這兒拍照留念，店員笑說：「這攤子很特別嗎？不就賣那幾樣東西，而且，這裡只收現金不收信用卡！」

(三十六) 相轉變 (Phase Transition)

所謂「相轉變」就是物體藉由在相轉變的過程中,利用所發生的現象,如體積改變、熱釋放或熱吸收來產生新的功能,如:暖暖包、沙包。一打開暖暖包的包裝袋後,暖暖包內的物質便會開始結晶,同時釋放之前所吸之熱能;阻水防洪的沙包,一旦加水三分鐘後,即由 430 克變成 20 公斤的沙袋,發揮出沙包的功能。使用前輕便、易儲存、好搬運,一旦被觸發後,馬上發揮其應有功能,就是暖暖包、沙包運用「相轉變」所發揮出來的功能。

有一種可冷熱兩用的冷熱敷袋,效果神奇,還可重複使用,只要扳一下裡面的金屬片,整個袋子就會發熱,裡面透明液體會變成乳白色,可當暖暖包使用,要還原時,可直接丟到鍋子裡用滾水煮即可復原。若要冰敷,可將它直接放入冰箱冷藏即可。

(三十七) 熱膨脹 (Thermal Expansion)

所謂「熱膨脹」就是物體利用材料的熱脹冷縮,去完成有用的效應,如:為了預防熱脹冷縮引起瓷磚起拱與龜裂,貼瓷磚時都要留有縫隙。再如:艾菲爾鐵塔 (Eiffel Tower) 在攝氏 40 度的天氣下,因熱脹冷縮的原理會「長高」26 公分。這項原理也可以運用在日常生活中,在剝葡萄皮時也可以使用此一原理,把葡萄洗淨放到冰箱的速凍室裡,等它們變硬時取出後,用熱水沖一下,利用熱脹冷縮原理,皮會特別好剝。

(三十八) 強氧化劑 (Boosted Interactions, Enrich)

所謂「強氧化劑」就是物體藉由使用臭氧,以增加其功能性,如:負離子清淨機、老人用穿戴式空氣氣囊。

老人用穿戴式空氣氣囊重量只有 1.1 公斤,一旦感應到使用者發生碰撞跌倒時,就會在 0.1 秒內充氣完成,每個氣囊都可充入 3.9 加侖的氣體,用來保護使用者的頭部和臀部。

(三十九) 鈍性環境 (Inert Environment, Calm)

所謂「鈍性環境」就是藉由加入中性物質、鈍性添加物進入物體或系統中，使其發揮出新的功能，如：輪胎氮氣充填、真空包裝、滅火器等設計概念即是由此延伸出來的。

(四十) 複合材料 (Composite Material)

所謂「複合材料」就是藉由使用複合材料來取代均質材料，以發揮出物體新的功能，如：液晶螢幕顯亮鏡面披覆強化鍍膜、極光炫彩增艷鍍膜、高透明度聚酯、奈米感壓矽合膜、雙面產品保護膜。再如：航空母艦上的飛機攔阻索、防彈背心都是運用了複合材料的概念。

四、萃智法與四十項發明概念的多重運用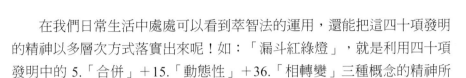

　　在我們日常生活中處處可以看到萃智法的運用，還能把這四十項發明的精神以多層次方式落實出來呢！如：「漏斗紅綠燈」，就是利用四十項發明中的 5.「合併」＋15.「動態性」＋36.「相轉變」三種概念的精神所研發而成的新產品。

　　而「省水衛浴設備」就是利用四十項發明中的 5.「合併」＋20.「連續有用動作」＋28.「置換機械系統」＋33.「同質性」等概念所研發出來的新產品。

　　「數位量杯」就是利用四十項發明中的 3.「局部品質」＋16.「不足過多作用」＋21.「快速作用」等概念所研發出來的新產品。

　　「太陽能充電停車棚」就是利用四十項發明中的 6.「萬用」＋25.「自助」＋28.「置換機械系統」＋34.「拋棄再生」＋40.「複合材料」等概念所研發出來的新產品。

五、萃智法運用在行銷實例

(一) 改善御便當銷售量

統一超商剛開始推出御便當商品時，有大量便當滯銷的問題，讓統一超商面臨了很大的挑戰，根據業者蒐集近兩年來御便當銷售數據及相關研究後發現，御便當的產品型態是從日本直接引進臺灣，與臺灣當地口味有所差異，大量滯銷的結果導致了單位成本上升。除了口味不夠當地化之外，御便當價格、質感與傳統快餐店相差不遠，但新鮮度卻令消費者質疑，也是一個需要突破的問題。另外，御便當常需保存超過 24 小時，且無法明確估計客戶欲購買的便當樣式，造成存貨成本增加，若御便當不能當日銷售完畢，又造成產品需下架等問題，這些都是統一超商急需處理的御便當相關問題。

1. 問題分析

統一超商應該要讓御便當的口味更加多元化，並降低售價，如此才能吸引顧客購買，進而使便當銷售量提升。

另外，統一超商標榜 24 小時不打烊，讓顧客的購買時間更具彈性，恰好可以符合用餐時段不固定的顧客需求。

統一超商是連鎖體系，有大量的進貨能力，因此可以以量制價，以大量購買原料的方式，直接向食品工廠要求降低材料成本，再者，統一超商市場調查部門應該密切地進行市場調查工作，充分分析市場產品需求，以降低產品滯銷所造成的成本浪費，並提升食品新鮮度，以增加御便當銷售流通的速度。

2. 運用萃智法與四十項發明的具體作法

我們將從萃智法與四十項發明所運用的概念 (40 Inventive Principles) 中汲取重要創新概念，並將此運用到御便當的行銷改良上。

(1) 改良御便當銷售量的具體化作法：

　　由於問題牽涉多個因素，且問題與問題之間錯綜複雜，不過大致上可區分成四個策略性專案目標：

　　① 提供顧客高便利性的購買環境。

　　② 降低御便當製作成本，以提高利潤。

　　③ 降低御便當售價，吸引顧客購買。

　　④ 提高產品新鮮度，以提高產品口碑。

(2) 運用萃智法的管理創新原則得到的解決方案

　　① 管理創新原則 35.「改變參數」：在改善御便當銷售量的策略中，我們可以改變其「密度」或「一致性」，例如：統一超商可以適時的舉辦促銷活動，以吸引消費者連帶購買御便當等其他產品。

　　② 管理創新原則 3.「局部品質」（順勢而變，適者生存，進而改造環境）：在改善御便當銷售量的策略中，我們可以增加便當口味的多樣化，讓顧客因為新鮮感而持續購買。

　　③ 管理創新原則 1.「分割」：御便當要能獲得消費者青睞，一定要做出自己的商品特色，業者必須清楚地做出御便當特色，才能與自助餐等傳統快餐店做出市場區隔。

(二) City Café 門市咖啡機配置問題

　　近年來臺灣人的飲食習慣漸漸走向西化，原先一直無法大舉打入的咖啡市場，在近幾年卻明顯有大規模的改變，從原本的喝茶文化，到現在上班族一早要一杯咖啡作為一天的開始，下午也要用一杯咖啡來提振精神的現象看來，可見臺灣人對咖啡的需求量已經逐日增加了。統一集團的星巴克咖啡館在中高價位的咖啡市場已經擁有極高的市占率，而統一超商對咖啡市場也展現了雄心壯志引入 City Café 門市，若統一超商能善用旗下超商的銷售通路來搭配創新行銷策略，必定能成功拿下咖啡市場的新版圖。

1. 問題分析

當統一超商實體門市高達 4,500 家時，初步引入 City Café 的門市約有 3,000 家。因此，原有的店面空間規劃勢必要做一番調整，而第一個必須達到的就是充分規劃門市的顧客動線，從原本的門市空間內，重新再做檢視後，規劃出 City Café 的機臺位置、收銀系統的調整、員工製作咖啡後替客戶結帳的位置，以及顧客結帳、取咖啡的動線位置，這些都需要一併做考量與設計。

因此統一超商集團在擴充 City Café 門市時，面臨最大的課題即為執行該策略將花費相當高額的建置成本，以及如何在有限的空間內，規劃出 City Café 的機臺位置，並配合顧客購買、員工作業等相關管理問題。這些問題都一再考驗著統一超商門市增設 City Café 此一設備後，能否成為超商門市的一個重要創新亮點。

2. 運用萃智法創新原則思考之解決方案

我們將從萃智法與四十項發明所運用的概念 (40 Inventive Principles) 中汲取重要創新概念，並運用到統一超商的 City Café 的門市行銷上。

(1) 管理創新原則 28.「置換機械系統」

在不增加大量成本預算及廣告支出下，超商可在實體門市裡推出限期、限量的咖啡試喝，以達到用嗅覺刺激消費者的買氣，讓消費者知道統一超商近期已推出 City Café 這項新產品。

(2) 管理創新原則 24.「中介物」

在統一超商的實體店面做改裝，新增一個窗口（快速取餐窗口），將 City Café 機臺設置於門市不需進電動門之處，以便利僅購買咖啡之上班族及趕時間的顧客。

(3) 管理創新原則 13.「逆轉」（反置）

不同於一般企業排斥的客訴問題，統一超商可以鼓勵消費者勇於指出對統一超商不滿意的地方，傾聽消費者的建議，說出不便之處，以改善且提高便利性，並舉行抽獎或舉辦相關活動，提供 City Café 門市提貨券，

也是另類咖啡行銷方式。

(4) 管理創新原則 3.「局部品質」

　　統一超商剛引進 City Café 咖啡門市時，需要多少人員來做調配還無法清楚評估出來，若聘請太多人員，恐怕會浪費人力成本，若人員不足，又怕無法應付顧客的需求，這時超商可以在幾個重要時段，如早晨上班時段前及中午的咖啡尖峰期間聘請工讀生，以因應大量湧入購買咖啡的上班族。

(5) 管理創新原則 1.「分割」

　　統一超商可以將早餐時間銷售量較高的產品，放置於咖啡機附近，做成套餐商品型態，不但可以增加早餐的銷售量，還可以增加咖啡銷售量，更可以縮短顧客來回拿取早餐的時間，可謂一舉數得。

 創意學習誌

　　本章第一部分介紹了萃智思考法的來源、核心精神以及基本操作方法。萃智法是以一系列系統性的方法為依歸，我們也在前文介紹了四十項發明的創新思路來為讀者做詳細剖析，希望能透過萃智思考法及四十項發明的思路介紹，並參照這些前人創意思考案例，提升讀者創新思維、創新作法的能力，來讓您為目前的困境思考出最佳解答。本章第二部分介紹了以萃智法延伸運用至市場行銷的案例，包括：提升統一超商的御便當銷售量、增設 City Café 後的統一超商如何提升咖啡銷售量等創新策略方法。只要用心揣摩萃智法，就會發現這套思考術不但可以幫助我們在思路分析上有獨到的創見，也能讓我們在看似平常的細節中，用創意重新排列組合後，產生令人眼睛一亮的解決方案。

延伸閱讀

1. 趙敏、史曉凌、段海波原著／許勝源編譯《TRIZ——入門與實踐》，鼎茂圖書出版股份有限公司，（臺北市：2012 年 1 月初版）。

2. 宋明弘著／陳正輝校閱《TRIZ 萃智——系統性創新理論與應用》，鼎茂圖書出版股份有限公司，（臺北市：2012 年 9 月初版）。

Chapter 6

類比法

一、類比法 (Method of Analogy) 介紹

　　類比法也叫「比較類推法」，就是透過把陌生的物件與熟悉的物件、未知的事物與已知的事物進行比較，並從中獲得啟發而獲得解決問題的方法。我們可以將類比法分為四大類：直接類比、擬人類比、象徵類比、因果類比。若懂得靈活運用類比法，就會得到許多巧思與創意，正如英國哲學家培根的一句名言：「類比聯想支配發明。」

(一) 類比的四大法則

1. 直接類比

　　在物與物、物與人之間找尋兩者類似的事物、狀況、形狀、性質、機能來做類比。如：狗的樣子讓人想到忠誠、憨厚的人；坐冷板凳和受到冷淡的待遇是類似的；無殼蝸牛和沒有住宅的人有相似的關聯；燈泡和靈感之間有異曲同工之妙。

2. 擬人類比

　　從東西和物體中找出與人之間相似的特性，並做出類比。如：貓把飯打翻了，還拖著鐵鍊走向主人的模樣像極了是在負荊請罪；黃昏時街燈亮起來的樣子，就像跟行人道晚安。

3. 象徵類比

　　想到形象互通的東西，並做出類比。如：鴿子象徵和平；上班族的生活型態與工蜂類似；歲月像流水般一去永不回；十字架是基督教的象徵。

4. 因果類比

　　所謂的因果類比法，就是根據已經掌握的事物之間的因果關係，與正在接受研究改進的事物之間，找出因果關係的相同或類似之處，並從中尋求創新思路的一種類比方法。

(二) 洗澡水與颱風旋向的因果類比

美國麻省理工學院謝皮羅教授的研究就是一個因果類比的好例子,他從放洗澡水時,觀察到水流出浴池總是形成逆時針方向的漩渦這一個現象,做出了因果類比的推理,他認為這和颱風旋向是相關的。經過他多方研究後發現,水流的旋向其實與地球自轉是相關的,由於地球是自西向東不停地旋轉,所以北半球的洗澡水總是逆時針方向流出浴池。

謝皮羅教授從浴池水流旋向的道理類推到了颱風的旋向問題,他認為北半球的颱風應該會如同流出浴缸的洗澡水般,呈現出逆時針方向旋轉,若這推理是正確的,謝皮羅教授再繼續類推出一個結論:如果在南半球,情況恰好就會相反。謝皮羅教授將有關颱風旋向的研究論文發表後,世界各國科學家陸續進行一系列的觀察和實驗,結果都與謝皮羅所提出的看法完全相符。

我們也可以運用因果類比法,將世界各種不同地區的飲食習慣與當地人口的疾病種類與健康情形去做觀察,就會發現其中也有些重要關聯,我們找出彼此之間的因果類比情形,並將之做成兩個圖表。

地區飲食偏好與疾病之間的因果類比

地區	飲食偏好	疾病種類
中東	甜棗	糖尿病多
韓國	泡菜	胃病多
臺灣	檳榔	口腔疾病多
德國	啤酒	中年胖子多

地區飲食偏好與健康之間的因果類比

地區	飲食偏好	疾病種類
義大利	番茄醬	攝護腺腫瘤降低
法國	紅酒	心臟病患者少
日本	納豆、海帶	長壽人口多

(三) 人類從大自然中學習類比法的例子

　　人類雖然是萬物之靈，但是人類世界中有許多創造發明的點子，其實都是來自於大自然的啟發，如：人類的勞力分工制度其實來自螞蟻、蜜蜂的生活型態；現代人離不開的網絡概念和蜘蛛網的狀態很相似。或許接下來我們想創立新組織、新制度時，也可以在大自然或古老的人類社會中找到許多現成的機制，再做些微改良後，就會成為另一種創新模式了。

　　另外，火箭與高速飛機的發明，其實是人類從蒼蠅身上獲得的一些靈感。蒼蠅的棉翅，又稱為平衡棒，是幫助蒼蠅飛行時保持平衡、穩定方向的天然導航儀，科學家模仿它來製成振動陀螺儀，而這種儀器與火箭、高速飛機的飛行密切相關。還有，在企鵝的啟發下，人類設計出適合在極地駕駛的越野汽車，這種汽車的概念是學習企鵝用寬闊的腳掌底部貼在雪面上，企鵝牌新型汽車也是用寬厚的底部服貼住雪地，再以輪勻推動前進，如此一來，不但解決了極地運輸問題，還可以讓汽車快速地行駛在泥濘路段。

　　只要善於觀察大自然，並靈活運用類比法到我們的日常生活中，相信許多創意點子，就會在我們的大腦中源源不絕地冒出來！

(四) 類比法運用在科學推理的例子

　　光和聲之間有什麼關係呢？荷蘭物理學家惠更斯獨具慧眼的透過類比法，發現了光波的概念。一開始，惠更斯發現「光」和「聲」具有一系列的相同屬性，如：直線傳播、反射、折射、干擾等，接著，惠更斯發現「聲」具有波動性，因此惠更斯大膽地進行了以下類推：聲具有直線傳播、反射、折射、干擾、波動的性質；光也具有直線傳播、反射、折射、干擾的性質；所以「聲」若具有波動性，那麼光也應該具有波動的性質。這個理論經過後來的許多科學家不斷實驗後，證明了惠更斯對於「光」和「聲」的性質類比推理結論是正確無誤的。

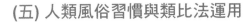

(五) 人類風俗習慣與類比法運用

　　人類對於各種問題的解決方法，其實大自然中都已經存在著可供參考的範例，只要我們能以大自然為師，就不需要從零開始創新，正如金門冬天強烈的東北季風讓當地居民苦不堪言，當地居民就創造出「風獅爺」這樣強悍又生動的形象，讓當地居民心理上產生寄託與勇氣，繼續在這座島嶼生活。

　　為何風獅爺會成為金門村落重要的信仰中心，這是因為在大自然界中，獅子是「百獸之王」，本身極具有威猛之勢，足以嚇阻來自四面八方的邪魔妖怪，而金門冬天的北風狂野的吹，就像一隻隻猛獸般撲了過來，金門人將獅子可威嚇百獸的概念類比到風獅爺可以嚇阻如猛獸般襲來的北風，所以金門到處都可以看到佇立在風口處，用來擋風鎮煞的風獅爺，牠的主要任務是用來克制造成風害的邪魔，所以金門的石獅子被尊稱為「風獅爺」，還能配享當地居民的香火。

(六) 類比法運用在言語勸諫的例子

　　在司馬遷的《史記‧滑稽列傳》中有這麼一段記載，述說一個出身卑微，又其貌不揚的小人物淳于髡，如何成功勸諫齊國君王，不但讓自己得到君王的尊寵和器重，也成功扭轉自己國家的命運。其實，淳于髡就是把類比法巧妙運用在勸諫的言談技巧中。

　　據說齊威王在位初期，夜夜笙歌、飲酒狂歡，將近三年的時間都對國家大事不聞不問，甚至民生經濟都已旁落到臣子的手裡，許多官員看著國事日非，也跟著貪汙放縱。鄰國眼見機不可失，相約侵犯齊國邊界，齊國國勢已經岌岌可危了，而齊威王身邊幾位忠良之臣，對此頹敗的局勢卻莫可奈何。這時的淳于髡仍舊不動聲色，總是淡然處之，直到有一天與齊威王宴飲時，眾人酒過三巡後，齊威王下令玩猜謎遊戲，此時由淳于髡出題，只見淳于髡不慌不忙地說：「齊國有隻大鳥，停在王宮的庭院裡，卻三年不飛翔、也不鳴叫，君王啊！您知道這隻鳥怎麼了嗎？」

　　齊威王聽完後猛然一驚，接著站起來向著群臣說：「這隻鳥不飛則已，一飛沖天；不鳴則已，一鳴驚人。」此刻的齊威王好似對著群臣立下

誓言般，從那天起，他開始振作了，夜夜笙歌的情形已不復見。齊威王詔令全國七十二縣的主要官員入朝奏事，也獎賞了身邊的忠良之士，並貶斥了許多荒淫之徒，接著他發兵抵禦敵寇，從此齊國人上下一心，開始凝聚向心力，不久後，齊國的國際地位也扶搖直上，甚至成為戰國七雄之一。

　　人性是好逸惡勞的，卻也是好面子、重尊嚴的，君王更是如此，淳于髡知道這個道理，在適當時機用了適當的方法，才能成功勸諫齊威王。淳于髡口中說的那隻大鳥其實是被類比成齊威王，淳于髡不直接說出自己勸諫的意圖，一來是怕齊威王惱羞成怒，二來是用類比的、具有故事性的說法保留一些空間給齊威王，果然，齊威王的自尊心被喚醒了，還轉換成上進心，從此，齊威王開始一番大作為。

二、發展類比法的要訣

　　如何運用類比法產生創意點子呢？其實這是有一套方法可以做自我訓練的，只要在日常生活中運用下列五種方法來練習，人人都可以讓自己的大腦變得更靈活、更有創意。

(一) 強迫新聯繫產生的新創意

　　將平時不會聯想在一起的事物組合起來，有時會激發出意想不到的新奇點子，甚至發明出一個新產品，例如：廚房小幫手 (Kitchen Aid) 公司，就將看似毫無關聯的微波爐與洗碗機做了一個強迫新聯繫，並研發出一個新機型。當時公司中的研發人員，將微波爐與洗碗機的特色合併在一起，就創造出了微波爐大小的洗碗機，這個新產品同時具備兩個優點：一是省水，二是比原先的大型洗碗機運作得更迅速。

(二) 利用角色扮演與模擬劇情創造新點子

　　一個充滿活力與積極創新的大腦，需要經常從模擬演練中汲取重要的創意養分，若你是企業中的高階人員，就必須居安思危，平常就該思考，如何才能讓公司真正面對艱困的挑戰時可以轉危為安呢？我們可以藉由閱讀報章雜誌，掌握某一家知名企業的相關訊息，也可以假裝自己是蘋果公司 (Apple) 或維京集團 (Virgin) 等以創意著名的公司成員，從中練習若自己在那個位置上該如何思考、如何看待問題，思考完後就跳出這個角色。然後再想像如果我是某公司的某人，會怎麼和這兩個知名企業建立合作協商，這就像是企業管理中的「個案討論」，透過設身處地的思考與決策，會讓我們的大腦在角色扮演與模擬劇情中，愈來愈具備相關資訊與知識，我們的大腦也會在不斷模擬演練中，愈來愈具備理性與創意思考能力。
　　我們也可以隨意將其他公司的名字寫在一疊卡片上，之後隨機挑選卡片，想像自己的公司和卡片上寫的這家公司若有異業合作機會時，能夠產生什麼新價值或新產品等等，透過這樣的練習，可以隨時讓大腦保持活力

與創新，更會讓我們的大腦不斷接受其他公司與相關產品的資訊，相關知識累積夠多了，或許一樣新產品就會在某一刻誕生出來。

(三) 使用隱喻法

利用語文遊戲來做創意練習，也是有趣又有效的方法喔！我們可以用隱喻或類比句子來引導出創意，首先：我們可以在白紙上寫下一些以「如果……那就會是……」開頭的問句，例如：「如果看電視就像閱讀雜誌，那會是什麼模樣？」透過這個語文練習引導出一個答案：「如果看電視就像閱讀雜誌，愛看就存，想看就播」，令人意想不到的是以上這個句子真的變成一項創意點子，它成了「替您錄數位錄放影機」(TiVo) 的一項火紅產品，這項產品帶給觀眾全新體驗，它讓觀眾「愛看就存，想看就播」，就像是在翻閱傳統雜誌一樣。

(四) 創造一個屬於你的奇趣箱

兒童一直是具有遊戲和想像力的天才，我們可以從兒童身上學習歡樂、學習赤子之心，在邊遊戲、邊讓思緒天馬行空的飛馳時刻，或許我們也可以順利捕捉到創意的火花！

無論是到外地旅遊，還是到附近的市場去閒晃，我們都可以去逛逛二手店或跳蚤市場，去蒐集一些特異有趣的東西，然後放在一個屬於自己的奇趣箱裡，在遇到瓶頸時，把這些物品拿出來把玩，把玩著它們時，會帶給我們一種奇異特殊的感覺，有時候是透過這些新奇小物，讓我們聯想起當時有趣的市場模樣，或是當時放鬆休閒的自己。透過這些小物品，很可能帶給我們一個全新的思考角度，幫助我們以新思維、新觀念面對原來的困境，或許在某個時刻，問題就迎刃而解了。

以創意設計聞名的 IDEO 公司，就有個類似奇趣箱概念的「科技箱」(Tech Box)，每個箱子裡都放滿了數百個高科技小玩意兒或益智遊戲等等，讓員工在工作疲累時可以去玩玩科技箱，在放鬆身心的當下，或許創意點子就突然自己跳了出來。

(五) 聯想力遊戲

　　我們可以將奇趣箱的概念延伸出來，從原本一個人玩的，變成由許多人一起玩的聯想力遊戲。

繪圖者：亞洲大學商品設計系邱慧瑜

　　首先由數個人（四到六人）圍成一個小圈圈，中間放一張大紙，紙的中間畫上圓圈，旁邊再由數個小圓圈組成，大家依順時針方向輪流在小圈中放入一個小物品，放置完畢後，再依順時針方向隨意指名一個成員，請他自由選擇大紙中任一條線的兩個小物品做聯想力練習。

繪圖者：亞洲大學商品設計系邱慧瑜

範例 1

　　任兩個小物品分別為：哨子、鋼筆筆尖。經過聯想力串連後，產生了兩組答案：

1. 筆尖是用金屬作成的、哨子也是金屬製。
2. 筆尖看起來有一點像鳥嘴，鳥會鳴唱，而哨子也會發出像鳥兒鳴唱的聲音。

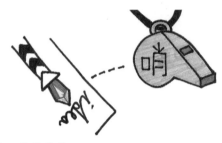

繪圖者：亞洲大學社工系陳柔恩

 範例 2

　　任兩個小物品分別為：塑膠恐龍玩具、汽車遊戲棋。經過聯想力串連後，產生了兩組答案：

1. 車子的動力來自石油，而石油是深埋在地底下，由恐龍及其他化石形成的。
2. 恐龍很有力氣，這部車子能載得動那麼多人，代表它也很有力氣。

繪圖者：亞洲大學社工系陳柔恩

範例 3

　　任兩個小物品分別為：指南針、電腦鍵盤「Home」按鍵。經過聯想力串連後，產生了兩組答案：

1. 指南針實際上的功能是指引方向，也隱喻著引領我們走向回家的正確方向。
2. 指南針帶領我們回家，到家門口也需要用「Key」打開門，而電腦鍵盤中的按鍵也代表 KEY IN 的意思。

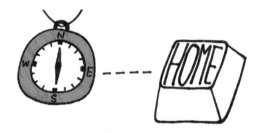

繪圖者：亞洲大學社工系陳柔恩

　　當然每一個例子所呈現的答案不只有兩個，由不同人或不同時間、不同情境下，就會產生不同答案，這也是做聯想力遊戲最有趣的地方。

　　現在流行的桌遊遊戲中有一款名為「妙語說書人」的牌卡，就是用許多圖卡來為玩家們設計出一系列的語文表達與訓練步驟，透過這套工具可以提供一系列有趣的聯想力練習。

　　「妙語說書人」遊戲方法如下：由三到六人圍坐在一起，第一輪開始，每人先發下五張圖卡，玩家們輪流扮演東家，東家先挑選出自己手中的一張牌，並以一個語詞為之命名，其他玩家也要從自己手中的五張圖卡找出和東家剛才說的語詞的類似圖卡，選出後即將圖卡覆蓋後，放在桌面上，等所有玩家都從自己手中五張圖卡找出相應於東家所提出的語詞，並將此圖卡放置桌面後，接著由東家洗牌，再把桌上這些圖卡翻開，眾玩家開始要利用自己的本事，從桌面上由東家及眾玩家所提供的數張圖卡中，找出東家的圖卡。

妙語說書人的圖卡遊戲可以訓練玩家從圖卡和文字做強力連結，從中不但可以訓練出玩家的語文想像力與表達能力，幾回合下來後，玩家會發現自己類比聯想的創意力也提升了不少呢！

(六) 類比法用在國旗創作

在雪梨國際美食節中，曾有一個以食物製成的國旗作品，它的創意發想是：每個國家都有自己的特色食物，更有自己的國旗圖案，如果能將兩個概念結合在一起，就會成為深具國家特色的圖案。如：澳大利亞的國旗是由番茄醬和碎肉組成的餅派，巴西國旗是由香蕉葉、檸檬、鳳梨、百香果組合而成，中國國旗是由火龍果與楊桃組合而成，希臘國旗是由橄欖、羊奶酪組合而成，法國國旗是由藍起司、乳酪、葡萄組合而成，印度國旗是由咖哩、米飯、薄酥餅組合而成，印尼國旗是由紅辣咖哩、香米飯組合而成，義大利國旗是由羅勒葉、麵、小番茄組合而成，日本國旗是由金槍魚握壽司放在方形白色盤子上組合出來的。

三、類比法在管理學中的運用

　　華碩集團的董事長施崇棠自創了許多管理心法，但他卻是這麼說的：「企業都是向大自然中的動物學習生存法則！」接下來，我們來看看大自然界中有哪些動物的智慧，值得企業經理人在管理上做出類比學習。

(一) 從青蛙法則中反思：時刻保持危機意識

　　19 世紀末，美國康乃爾大學曾經進行過一次青蛙試驗，他們將一隻青蛙放在煮沸的大鍋裡，青蛙如觸電般地立即竄了出去，並安然落地。後來，實驗者又將青蛙放在一個裝滿涼水的大鍋裡，任其自由游動，再用小火慢慢加熱，青蛙雖然可以感覺鍋裡的水溫度正在變化著，青蛙卻因惰性而沒有立即往外跳，而是讓自己慢慢適應環境的溫度，等到青蛙真的感覺熱度難以忍受時，想要往外跳時，已經來不及了！

　　以上是著名的「溫水煮青蛙理論」，這個理論和「生於憂患，死於安樂」的道理是相似的，對一個企業而言，最可怕的是緩慢漸進的危機正慢慢醞釀成形，最後終於形成一個大風暴，拖垮整個組織，對企業而言，這樣的災難比突然的危機降臨更具毀滅性。

(二) 從野鴨精神中反思：容忍不同思維的胸襟

　　野鴨或許能被人類馴服，然而一旦牠們被馴服後，就失去了原來的野性，因為野鴨適應了人類給予的舒適安全生活，就再也無法海闊天空地自由飛翔了。管理者要了解，若讓自己在舒適、安全的環境中，不願接受內部或外來不同意見的挑戰，久而久之，自己的思維就會愈來愈僵化，無法創新了。同樣的，在企業組織中，一個好的管理者應該是要兼容並蓄的，那些喜歡拍馬屁、不拘小節，以及直言不諱的人，雖然這些員工個性上有些缺點，但只要他們身上仍有其他的優點，管理人就不應該將他們全部摒除於外。好的決策應該以各種相互衝突的意見為基礎，並試著從中調和出一個可行方案，而不是從眾人口徑一致中得出的結論，這才是真正創新的

本源與精神。

(三) 從藏獒效應中反思：競爭是造就強者的學校

藏獒是生活在青藏高原的牧羊犬，在空氣稀薄、氣候寒冷的自然環境下，藏獒必須要能承受惡劣的氣候條件，以及具備忍耐飢餓、忍受勞苦、抵抗瘟病的生存能力，才有資格陪伴主人在惡劣的環境下，執行狩獵的任務，因此當藏獒的幼犬一長出牙齒，並能撕咬時，主人就會把牠們放到一個沒有食物和水的封閉環境中，讓這些幼犬相互撕咬、攻擊，最後剩下一隻活著的犬，這隻犬就稱為獒，牠成了最有競爭力、最能在青藏高原狩獵的牧羊犬王，也是價格最高的獒犬王。

當然，企業需要帶給員工溫馨美好的環境，但是一個有效率的企業是不能排斥競爭的，我們可以將「藏獒效應」類比為企業要有競爭才能提高效率，沒有競爭就如死水一灘，因此許多企業都在內部營造競爭機制，以促進組織中的員工及團隊要隨時保持高昂的鬥志。

(四) 從羊群效應中反思：清晰判斷避免盲從

羊群乍看之下雖然是散亂的組織，然而在羊群中一旦有一隻領頭羊動起來，其他的羊也會不假思索地跟著往前，因此，「羊群效應」就是比喻大部分的人都有一種從眾心理。

「羊群效應」並不見得就是一無是處，在資訊不對稱及預期不確定的條件下，觀察別人怎麼做，確實是一個比較能降低風險的好方法，因此「羊群效應」也可以產生示範學習和聚集協同的作用，這對於弱勢群體的保護與成長是很有幫助的。

(五) 從雁陣效應中學習：團隊合作才能快速發展

雁是群居的動物，雁群在飛翔時一般都是排成「人」字形，並定時交換左右位置。雁會排成「人」字形飛行，是因為這個陣勢飛得最快，也是最省力的方式，因為在飛行中，後面一隻大雁的羽翼，能夠藉助於前一隻

大雁的羽翼所產生的空氣動力，使飛行更為省力，這樣的飛行方式，要比具有同樣能量，但單獨飛行的大雁多飛 70% 的路程，雁群懂得藉助團隊的力量來讓每隻大雁飛得更遠、更省力。

從雁陣效應中可以讓我們思考，在一個團隊組織中若要組織更進步，就要確保每位成員都要學習、要進步，而進步最快速的方法就是要強化團隊意識，像雁群一樣，要大家一起飛行，並確保團隊的目標與內部成員的目標一致，當成員與團隊的目標一致時，不但能對成員產生應有的吸引力、向心力，而且成員也會體認到只要跟隨組織前進，自己不但不會落單，做起事來還能更省力、更輕鬆，也更具效率。

四、類比法運用到各行各業的著名例子

(一) 叩診法的起源

　　叩診法，是醫師最常用的初步診療法之一，由醫師用手叩擊病人的身體某個部位，使之振動，而產生聲音，醫師再根據振動和聲音的音調特點，來判斷被檢查部位有無異常，是一種常見的診斷方法。據說叩診法的起源大約是在 18 世紀，有一個叫奧斯布魯格的奧地利醫生，他發現父親不用打開酒桶蓋，只要敲敲啤酒桶，就能知道啤酒剩下多少。從這件事讓他聯想到自己為病人看病時，也可以透過「敲打」的辦法，了解病人身體內部的情況，於是叩診法產生了。

　　只要遇到胸部、腹部有急症的病人，他都會先採用手敲的辦法試試，經過不斷的臨床經驗，他總結出很多病情變化與聲音之間的關係，之後更成為後世醫生尊奉的經典方法。後來叩診法也成為醫師在疾病初步診斷時的重要方法之一。

(二) 鐵絲柵欄的起源

　　關於鐵絲柵欄的起源有個充滿童話的傳說，據說有個牧羊童叫約瑟夫，他從小就很喜歡讀書，但是因為家裡窮困，約瑟夫沒讀幾年書就輟學，幫人家放羊賺取生活費。在放羊時，由於他經常因為讀書而忘記看顧羊群，因而惹了不少麻煩，羊群不是撞倒柵欄，就是跑到莊稼地去踩踏了不少農作物，老闆要他丟掉那些無用的書，專心看守羊群，於是約瑟夫只好努力地想著辦法。經過細心觀察後，約瑟夫終於有了一個新發現：羊在衝出柵欄時，從來不敢碰觸有刺的薔薇做成的圍牆。由此他得出結論：如果將柵欄周圍都栽種薔薇，不就可以阻止羊群跑出去嗎？不過，柵欄面積很大，要想完全用薔薇覆蓋住，實在太困難了。又經過一段苦思後，約瑟夫想出了一個可行的辦法，他找來長長的鐵絲，把它們剪成針刺狀，交叉擰在一起，纏到柵欄上，沒想到效果出奇的好，羊群乖乖待在柵欄裡面，

再也不敢隨意亂跑了。就這樣，約瑟夫做成了「不需要看守」的鐵絲柵欄。

(三) 中藥茶飲品的誕生

中藥店和茶館原本是兩個不同的行業，但經過類比聯想及巧妙策劃後，這兩個不同的行業組合在一起，竟然也能產生一種全新的感受，甚至讓傳統中藥店起死回生！

20 世紀是一個講求科學的時代，讓許多傳統產業面臨著嚴峻的市場挑戰，伊倉產業公司原本是日本有名的中藥企業，而在當時，人們卻普遍信奉西醫，對中醫、中藥的看法已變成落後、緩慢的代名詞，因此中藥的銷售量愈來愈差，為此公司經營十分艱難。石川社長看到公司業務一日一日萎縮，內心十分焦慮。

某天，他到一家茶館喝茶，看到店內氣氛優雅，人來人往，忽然他有了新的靈感：如果中藥店也能像茶館一樣，一定也可以吸引更多顧客上門！於是他立刻將位於東京的中藥店進行改造，中藥店就像一家新型氣派的品茶藝廊館，不但裝潢素雅溫馨，格調高雅，還裝設了空調、燈光、音響等現代化設備，也不再有傳統中藥店裡濃重沉鬱的中藥味，裝中藥的壁櫃也變得乾淨明亮，上面陳設著各色中藥飲料，一眼望去，只見牆壁光亮潔白，氣氛優雅迷人，散發著濃郁的現代都市生活氣息。

這一現代化、生活化、都會化的經營模式，立即吸引了大量的年輕顧客，在曼妙的流行音樂聲中，客人可以針對自己的需求，悠閒地品嘗著既能養身又有多樣化口感的改良式中藥飲品，這樣的商品與用餐環境，無疑提供給消費者莫大的吸引力，很快地，伊倉中藥店化身為伊倉喫茶館，成了東京街頭一個重要的景點，甚至帶動了東京其他茶店的興盛。伊倉吃茶館在開張兩個月後，就成了媒體新寵兒，也因為媒體宣傳效果快速，一下子就傳遍整個日本，大批民眾為之瘋狂，甚至從全國各地寄來了數不清的信件，要求伊倉喫茶館提供各種宅配中藥產品，或是提供付費的藥方，從前沒有人理會的中藥，一下子竟成了人們競相購買的珍貴飲品，銷售量迅速提升，也為石川社長帶來大筆財富。

　　中藥店和茶館是兩個不同的行業，把這兩個不同行業組合在一起，做類比聯想後竟然產生這麼大的效果，這應該是石川社長始料未及的吧！

五、類比法運用在餐飲經營

大便變黃金──便所餐廳

　　您能想像有人把「便所」和「餐廳」結合在一起嗎？這兩個互斥的概念又是如何被一群年輕人組合出一系列的特色餐飲？據說這個另類的創意點子，是某一天由一個年輕人，一邊蹲廁所，一邊看日本漫畫《怪博士與機器娃娃》時所迸出的創意點子。起初這群充滿創意發想的年輕人主打商品是冰品，因為從霜淇淋機裡打出的巧克力霜淇淋就像一坨便便的形狀，若再將裝冰淇淋的杯子打造成蹲式馬桶的樣子，那不就成了「便所」？於是逗趣可愛的便所巧克力霜淇淋成品就誕生了，沒想到這款冰淇淋一推出後，竟然廣受消費者喜愛呢！

　　在所有夥伴積極努力策劃下，2004 年 5 月，便所巧克力霜淇淋又往夢想的路上邁進一大步，創辦人王子維找了幾個朋友一起合作，花了幾個月的時間，集思廣益後，才確定以「衛浴設備」為主題，在臺灣創立了最轟動的新型態主題餐廳「MARTON 主題美食館」。這間餐廳顛覆了大家以往對餐廳的既定刻板印象，整間店採用顛倒錯置、別具一格的幽默與創意來做設計裝潢，就連餐具與擺設都充滿特色，尤其是將馬桶當座椅、便所當餐具、尿壺當杯子的創意，剛開始讓許多路過的人一臉狐疑、以不可置信的眼神站在門口觀望，但當好奇的人們進到餐廳一探究竟後，皆是充滿著驚奇有趣又開懷無比的笑容。

　　這群年輕人一開始以奇特的創意巧思，先以「便所巧克力霜淇淋」冰品成功行銷後，再繼續努力研發改進，而成立了主題餐廳，成功打出好口碑後，這群創意夢想家又將更多元化的特色主題導入店內，終於，在 2006 年 4 月，「便所主題餐廳」已經在全臺成立多間連鎖店，在「便所主題餐廳」裡，消費者可以看到更多樣化的衛浴設備，更豐富的特色餐點。

　　便所主題餐廳能從一個創意發想到連鎖餐飲集團，除了善於將創意點子落實成商品外，最重要的是投資者懂得運用企業經營的概念，來推廣這

個創意，才能有如此傲人的成績，以下我們將分成三個層面來探討。

1. 定位策略

便所主題餐廳的目標市場為學生、年輕族群，所以經營者以健康、平價、連鎖市場來當成餐廳的定位策略。

2. 推廣策略

餐廳要能營運的第一步是要吸引客人進門消費，如何讓廣大的群眾知道便所餐廳，又願意進來消費？這考驗著便所餐廳的整個行銷團隊，最後，便所餐廳思考出以四個方向來做行銷：

(1) 廣告：路人若看到便所餐廳的一整面牆上，懸掛著一個超大型的馬桶招牌，又看見餐廳內部的特別裝潢，就會產生好奇心，而想進入店裡瞧瞧，這就是便所主題餐廳最強、最有效的廣告宣傳方式。

(2) 促銷活動：便所餐廳會定期在官方網站上推出各種折價及優惠活動，藉此來替消費者省下荷包，並吸引消費者入店消費。

(3) 公共關係：便所餐廳獨特的衛浴設計概念及創新點子，不僅吸引了許多的消費者前來探索，也吸引了許多的媒體前來訪問，便所餐廳的經營團隊很珍惜每次與媒體接觸的機會，總是盡全力去展示出便所餐廳獨特的創意與餐點特色。

(4) 口碑介紹：現今網路世界發達，愈來愈多人使用部落格抒發心情、分享體驗，消費者會在自己的部落格上寫出對餐廳美食的感受，因此便所餐廳也很珍惜每次對消費者的服務機會，爭取部落客對便所餐廳的認同，這就是便所餐廳最好的口碑式行銷。

3. 營業額

由於經濟不穩定，所以便所餐廳的營業額也不太一定，因此也沒有正確、精準的營業額數據，但是便所餐廳在國內外皆設立分店，也都廣受消費者的喜愛，希望能以此為利基點，創造出穩定成長的營業額。

4. 結論

　　一般人都很難想像將廁所的概念與餐廳的概念結合在一起，便所餐廳則利用了我們在這個章節所學到的「象徵性類比法」，把廁所和餐廳連結在一起。我們可以讓顧客坐在馬桶上，吃著馬桶餐具上面的食物，這個創意點子聽起來雖然有點噁心，但卻也受到許多年輕、有創意、求新求變的消費者歡迎，因此有了便所餐廳的誕生。

　　類比法要運用到企業管理層面雖然有些困難，但有時候卻能創造出全新不同的體驗。就像便所餐廳不僅用類比法創造出全新的創意元素，也增添了許多因為矛盾組合所帶來的趣味呢！

 創意學習誌

　　本章第一部分介紹了類比法思考術的概念，及人類如何以大自然界為師，從大自然界的各種現象、各種動物、植物中學習，並模仿到與人類相關的知識，進而類比到人類生活中，成功解決困境、創造出價值。第二部分介紹了發展類比法的要訣，羅列出數種類比思考訓練的重要訣竅，供讀者自行練習。第三部分介紹了動物類比法在管理學中的運用情形，許多知名企業經理人經常以動物為師，借用類比法從動物身上學習許多經營管理心法。第四部分介紹了類比法如何運用到各行各業的著名例子，希望讀者可以繼續發揮慧心巧思，從這些類比的經驗中，開啟自己一個嶄新的類比創意之門。第五部分介紹了類比法運用在餐飲經營上的成功案例——便所餐廳的創意發想到發展出餐飲連鎖企業之路。一個看似矛盾組合的類比創意思考點子，能變成一項獨特商品，甚至成為一系列創意點子的發想匯集是很不容易的，最後要變成連鎖餐廳更是高難度挑戰，而便所餐廳卻做到了。

　　創意發想並不是一個特別的行為，只要透過一系列有步驟的訓練，人人都可以學習到創意思維，而且可以實際運用到生活中。每個

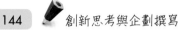

人都有最適合自己的思考架構，不但要了解自己的思考架構模式，更要多元了解、嘗試，並運用各種思考架構，持續地進行創意產出活動，創意點子就會持續增加，一次小小的成功，將會帶來更多新的嘗試與更多的成功經驗，也能幫助我們往後在面對各種僵局與困境時，能以更具創意、更具彈性，也更具效率的方式去回應，對於未來的各種挑戰，學會了多元創意思考法後，就更可以處變不驚。

延伸閱讀

1. John Adair 著／謝凱蒂譯《有準備，創意就來》(*The Art of Creative Thinking: How to be innovative and develop great ideas*)，天下文化出版，（臺北市：2008 年 7 月初版）。

2. 井上達彥著／邱麗娟譯《創新第一課模仿》，臉譜出版，（臺北市：2013 年 7 月初版）。

Chapter 7

加減乘除法

一、加減乘除法介紹

舊東西如何玩出新花樣？研發商品遇到瓶頸時該怎麼辦？這時就可以善加利用「加減乘除法」的創意思考方式。

1. 加法：若在原有基礎上增加重量、數量、長度、速度、功能……能否產生新創意？
2. 減法：若從原有基礎上減掉重量、數量、長度、速度、功能……能否產生新創意？
3. 乘法：若在原有基礎上把相同或不同產品予以組合、連結、排列、重複……，能否產生新創意？
4. 除法：若在原有基礎上把相同或不同產品予以破壞、分割、擠壓、抽取……，能否產生新創意？

(一) 加法介紹

所謂的「加法」，就是透過把兩個舊元素相加後，產生了令人驚奇的新效果，正如同風靡全臺的飲料珍珠奶茶，就是以舊有的粉圓當成珍珠，再加上原來就有的奶茶，將兩個平常的素材加在一起後，就成了極具魅力的組合，茶飲之王珍珠奶茶就此誕生。「加法」也可以運用在提升商品銷售量上。牙膏業者將牙膏擠管的口徑「加大」後，一方面讓使用者可以快速擠牙膏，一方面也提高了牙膏的使用量，輕輕鬆鬆就加速了消費者購買牙膏的速度，透過「加法」的使用，成功地提升了消費者的牙膏購買頻率，這可說是「加法」運用的創意經典範例。

(二) 減法介紹

所謂的「減法」，就是捨棄掉消費者不需要的東西，眾所皆知的「輕薄短小」之產品研發的創意精神，就是減法的運用，包括讓原有商品的長度短一點、體積小一點、厚度薄一點等方法的運用皆是來自於「減法」

的概念，正如曾經引領風潮的 iPad 就是以輕薄體積小、方便攜帶為其特色。

(三) 乘法介紹

　　至於「乘法」的創意運用，我們可以從量販店所提供的不同口味的組合包產品來做了解，這樣的創意包裝法一方面是一種貼心服務，讓消費者一次享受到多種口味，另一方面也能快速增加業者的銷售量，可謂是一舉兩得的行銷策略。再如企業以異業結合的方式，創造雙贏的局面，像是健檢旅遊的套裝產品設計，由健檢公司與旅遊業者合作，讓消費者可以利用三天的假期安排全身健康檢查，順便利用健康檢查多餘的等待時間，就近在附近的景點旅遊、購物，讓消費者有一舉數得的感受。

(四) 除法介紹

　　「除法」的概念就是一個企業集團底下分成許多子公司，共同為母公司創造利潤，我們可以從 P&G 公司來理解。P&G 公司以多品牌的經營概念，讓自家所生產的產品一舉攻下了市場市占率。以洗髮精來說，P&G一連創造出數個洗髮精品牌，像是飛柔、沙宣、潘婷、海倫仙度絲等等，不同的品牌、不同的廣告形象，就能吸引不同訴求的消費者，藉由多品牌經營方式，P&G 成功地提升了銷售業績。

(五) 同時運用多種方法的創意產品

　　3M 便利貼是文具界一項值得驕傲的商品，當初 3M 團隊的創意思考重點在於將貼紙黏性降低，好讓標籤紙可以重複撕貼，而不會破壞原來的紙張，黏性降低是「減法」的創意思考運用，而可以撕開這個概念可以算是「除法」的運用，重複張貼則是「乘法」的運用了。

　　3M 便利貼同時運用了「減法」、「除法」和「乘法」三種創意思考術後，就像是變魔術般，創造出了文具界的不敗商品──便利貼，可見多多學習加減乘除創意思考法，對於提升創意是有極大助益的，若能再將這

些創意思考術靈活運用，那麼面對生活中的難題時，應該處處可以感受到迎刃而解的驚喜。

二、5W2H 與加減乘除法思考架構

(一) 5W2H

　　5W2H 法是一項高效率的問題探究法，在第二世界大戰中，由美國陸軍兵器修理部首創。懂得提出好問題和能順利解決問題呈現正相關，我們甚至可以說，若是能問對問題，問題也就解決一半了，而創造力高的人，通常都具備善於提出好問題的能力，那麼該如何提出有創意的問題？研究發現，當發明者在研發、設計新產品時，常常會針對舊有的產品做仔細的觀察和研究，並提出以下幾個問題：為什麼要對舊產品改良 (Why)；該做什麼樣的改良 (What)；何人來做改良 (Who)；何時改良 (When)；在何地做改良 (Where)；如何做改良 (How)；可以花多少成本在改良上 (How much)。這就構成了 5W2H 法的總框架。

　　以下我們再對 5W2H 法做更詳細的解說：

1. WHY——為什麼？為什麼要這麼做？要這麼做的理由何在？原因是什麼？
2. WHAT——是什麼？目的是什麼？該做什麼工作？
3. WHO——誰？由誰來承擔風險？誰來負責執行？遇到問題由誰負責？
4. WHEN——何時？什麼時間得完成？什麼時機去執行最適合？
5. WHERE——何處？在哪裡做？從哪裡入手最安全、最快速？
6. HOW——怎麼做？如何提高整體效率？如何實施？具體方法怎樣？
7. HOW MUCH——多少？要做到什麼程度？涉及多少數量？質與量如何拿捏？有多少費用得支出或是必須產出多少利潤？

　　5W2H 法對一般人而言都易於理解，而且方法簡單、方便，不但容易記住，也易於上手，有助於彌補思考問題的疏漏處，並提高解決問題的效率，因此 5W2H 法被廣泛運用於企業管理和技術活動上，對於思考決策

和執行性的活動都有非常大的幫助。

(二) 5W2H 運用在加減乘除法思考架構

「5W2H 法」是一項高效率又有創意的問題探究法，而「加減乘除法」也是一個能將舊東西變出新花樣、研發商品遇到瓶頸時最有效率的創意思考方法，若能將這兩項思考方法結合在一起，一定會產生出新的創意火花，讓我們在解決問題時更能活化思考、靈活應變。以下是將「5W2H法」與「加減乘除法」結合在一起的思考模式圖：

四則運算之思考架構

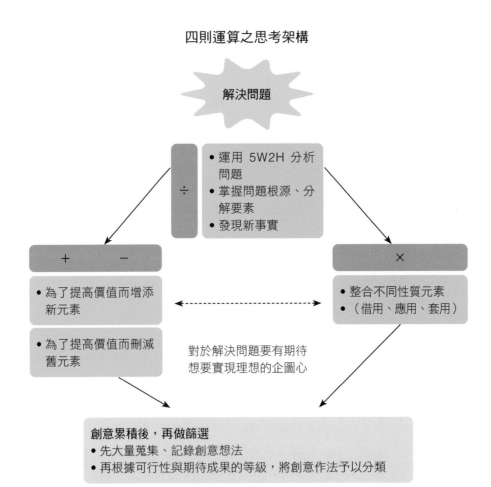

問題發生時，我們先以「5W2H 法」來思考問題，透過分解問題的方式來直擊問題的核心，讓問題變成一項可以解決的任務，之後再用加法、減法與乘法的概念，針對想要改良的需求及條件做創意思考，要先不批評地大量蒐集創意點子，再將想到的解決問題法聚集累積後，依可行性與效果再做最後的淘汰與選擇。

三、加減乘除法思考架構實際運用案例

(一) 生意冷清的咖啡店

　　林老闆對於自己的咖啡品味及沖泡技術深具信心，於是在五年前自己獨立出來開店，當時周圍尚未有相似的咖啡店，因此店內濃郁香醇的咖啡香氣總能吸引附近的學生或上班族來此啜飲咖啡，但是，近年來在林老闆的咖啡店附近冒出許多知名連鎖咖啡店，除了價格便宜外，店內裝潢也讓客人備感舒適，林老闆的咖啡店在強敵環伺之下，這兩、三年店裡的業績大幅滑落，生意已大不如前了。

　　自家經營的咖啡店面臨競爭如此激烈的考驗，如果你是林老闆，你該如何做出適當回應呢？我們將運用「加減乘除創意思考法」與「5W2H法」來完成一份咖啡店企劃書，為林老闆出謀劃策，希望能讓這次危機化為轉機。完成這份企劃書的步驟如下：

1. 衡量咖啡店本身狀況，提出一份合宜的企劃書

　　林老闆之前創業時向銀行借貸的資金還沒還清，現在也沒有多餘的資金可以再投資新設備，若是林老闆想繼續經營這家咖啡店，就必須提出一份能讓咖啡店起死回生的經營企劃案，重新找尋願意出資金的投資者，所以這份企劃書一定要能針對目前咖啡店的窘境，提出具有改善成效的建議，才能得到投資者的認同。

2. 審視問題

　　咖啡店所提供的功能不單只有咖啡的口感和香醇的味道而已，對一個消費者而言，要不要再花錢進入咖啡店消費，必須再思考：便利性、價位、選擇是否多樣化、自己所堅持的特點是否具備、食物的美味度、環境的舒適度、是否能放鬆地與親友閒聊、能否提供閱讀雜誌的樂趣、能否提供工作或讀書的場合等各式各樣的功能需求，而這些就是咖啡店所能提供給顧客的附加價值。

3. 以「加減乘除」法與「5W2H」法來做創意思考

(1) 加減乘除與 5W2H 的搭配

　　首先，我們可以運用「除法」的過程來拆解問題，再使用「5W2H」法，寫出對於咖啡店消費者的現狀分析，以及咖啡店店家可提供的理想型態分析。

Where（何地）＝以空間軸來劃分
- 客人的居住所在地？
- 客人喜好的店在哪裡？
- 客人對店的大小和座位的配置有什麼感覺？

Who（誰）＝以人物軸來劃分
- 誰會來？
- 一個人來嗎？還是好幾個人一起進來呢？
- 怎樣的人會想進來呢？

What（要做什麼）＝以功能軸來劃分
- 店裡應該提供什麼樣的服務才能滿足客人的需求呢？
- 客人在店裡做什麼才會開心呢？

How（怎麼做）＝以方法軸來劃分
- 客人會希望咖啡店提供什麼樣的功能？
- 一般的店都是用什麼樣的方法來經營？
- 客人是搭乘什麼樣的交通工具來到店裡的？（走路？騎單車？機車？公車？開車？）

How much（花費）＝以經濟軸來劃分
- 客人會願意為一杯咖啡付多少錢？
- 客人的預算額度在多少錢以下？
- 客人本身的平均月收入狀況如何？

運用 5W2H 將問題逐漸劃分，進行除法後，就能蒐集到對林老闆的

咖啡店許多有意義的寶貴訊息：

- 為什麼獨自前來咖啡店的男性客人居多呢？
- 是為了消磨時間嗎？沒有朋友嗎？他是孤獨的嗎？
- 如果發現店裡一些有趣的地方，或是在這裡遇到熟人應該會感到開心吧？
- 若是一個人也會來這裡喝咖啡的話，應該是非常喜歡喝本店的咖啡吧？
- 和具有時尚感設計的星巴克比起來，我們的咖啡店會比較溫馨？比較安靜舒適嗎？
- 騎自行車來的客人很多，應該是住在附近吧？
- 接近晚餐時間的話，也許會有客人想在店裡吃晚餐，但我們店裡沒提供食物，那該怎麼辦呢？
- 如果本店願意提供餐點的話，客人會願意付多少錢購買呢？
- 客人花在正餐的費用預算是多少呢？發薪日前幾天和月底時，客人應該過得比較辛苦吧？本店是否要在這時間點提供餐點和飲品的折扣優惠呢？

透過 5W2H 思考術的運用，可以不斷地把顧客的特徵描繪出來，藉由以上所蒐集的訊息再去做問題思考，應該可以讓創意變得更具體，也更具可行性，若想讓這些問題的答案更具參考價值，我們可以將以上的問題再做更進一步的拆解，設計成問卷後，再請消費者填答，最後再做問卷分析，就可以得到更清楚的量化資料。又或者我們可以藉由以上問題實際訪談消費者，取得更詳細完整的資料。

(2) 接下來進行「加法」、「減法」的過程

加法概念：在原有基礎上，可以增加的正向因素是什麼？可以提高價值、增加吸引力的東西又是什麼？

減法概念：在原有基礎上，想要消除的負向因素是什麼？可以消除不必要的東西、減輕負擔的東西又是什麼？

一般人會想要增加的正向根本需求是：感動、快樂、幸福感、安心

感、充實感，因此會產生想要增加資產、品質、功能、便利性、安全性、耐久性、容量等需求。相反地，負向的根本需求是想要減少不安、緊張、悲傷、痛苦、恐怖等感受，所以，人們會產生想要減少費用、不便、身體負擔、風險、不確定性等狀態。

在「加法」的創意思考運用上，我們必須在不增加工作人員與裝潢成本的條件下，思考該怎麼做才可以讓這家咖啡店為客人增加出感動、快樂、幸福、歡樂、安心感、高品質、高功能、便利性、耐久性這些感覺。

在「減法」的創意思考運用上，我們必須在不讓味道和服務品質下降的條件下，思考該怎麼做才可以讓店家減少提供服務時所產生的費用、店家人力的支出、沖泡咖啡的時間、商家對來客率不確定性所產生的不安、緊張感，以及降低客人對餐點服務產生的不適合感、費用與服務過高的負擔，還有降低客人不小心毀損商品、餐具等風險。

透過加法、減法思考術的運用，可以不斷地把問題特徵清楚聚焦，我們將根據加法、減法思考術運用所提出的問題，再予以創意思考後，為咖啡店提出一些具有可行性的建議：

(＋) 的部分
- 要在不增加成本的情況下，提高店裡感動或歡樂的感受。
- 可以考慮讓客人體驗自己沖泡咖啡的樂趣，也就是自助式服務 self-service。
- 設法讓喜好咖啡並具有共同興趣的年輕男性，彼此認識、建立友誼。
- 讓老闆多跟客人聊天互動，除了禮貌性地招呼，還要針對個別客人說些讓他們感到有興趣的話題。
- 咖啡店可以提供魔術表演、藝術展覽等，不需要花費太多額外成本的餘興節目。
- 咖啡店可以提供算命師駐店的命理諮詢服務，如：星座算命、塔羅占星服務等。
- 可以再多思考出各式各樣的創意活動，讓客人來到店裡有驚喜感。

(一) 的部分

■ 若是咖啡店可以提供自己沖泡咖啡的體驗型銷售模式 self-service，就可以減少工作人員的人事成本，店家也可以從旁給予專業建議，消除從未接觸過虹吸式沖泡設備的客人的不安與緊張。

■ 如果目標是要把咖啡店經營成可以讓客人結交好友的地方，咖啡店可以思考讓客人以介紹朋友的模式來店消費，消除那些擔心交不到朋友的客人的不安感受。

■ 為了避免咖啡店在客人少的時候沒辦法提供交友的功能，對於那些積極活潑的客人，店家可以提供一些讓他們免費待在店裡的服務，或享用店裡其他資源，讓這些客人能持續帶動店裡的活潑氣氛。

(3) 接下來是「乘法」的運用

　　乘法的思考重點是要透過「結合」和目前內容與服務「不同」的世界、產業、場合與主題，為咖啡店創造出新的價值，乘法的思考模式不只是要改善現狀而已，而是要直接追求理想型態的創意思考方法。

■ 咖啡×不同的世界
　自然界或是童話故事之類的其他世界中，有沒有類似的狀況呢？有沒有可以提供咖啡店經營的新創意或靈感的東西呢？

■ 咖啡×不同的業界
　不同的產業裡有沒有相同的問題呢？如果把咖啡店眼前的問題放到其他產業去做思考，會有不一樣的改變嗎？其他業界的問題解決模式可以套用到咖啡店嗎？

■ 咖啡×不同的觀點
　從不同人的觀點能看出咖啡店本身還有什麼問題嗎？如果觀點反過來的話，又會變成怎樣呢？

■ 咖啡×不同的評價
　咖啡能不能換成一個不同的主題呢？或是能不能和其他主題做結合呢？

■ 咖啡×不同的地方
　咖啡店一定要在這裡經營嗎？換個地方會怎麼樣？讓原來的客人到

其他的地方喝咖啡又會變成怎麼樣呢？

■ 咖啡×不同的問題

可以把問題換成另外一種問法嗎？例如：咖啡店其實也可以走一個
固定主題或路線，最近常可以看到報章雜誌上介紹「模型咖啡」，
這是一種針對成人男性的咖啡店，而且還形成了一股熱潮，如：
「有賽車模型的咖啡店」、「立體拼圖愛好者咖啡店」、「電影愛
好者聚會小屋」也許也不錯呢！

(4) 改善創意的例子

藉由以上創意思考法產出許多創意點子後，我們要再依照可行性和可
期待的成果，將之分成「創新的創意」、「改善的創意」、「有缺陷的創
意」、「不足以採用的創意」這幾類，然後，再針對「創新的創意」和
「改善的創意」，挖掘出更具體的實現步驟。

■ 咖啡店過去都堅持用虹吸式設備沖泡咖啡，以維持咖啡香醇的口
感，但是往後不是由工作人員沖泡，而是改成讓客人自己沖泡，工
作人員可以在一旁協助。

■ 藉由讓客人自助式沖泡咖啡的創意點子，刪減工作人員的人事費
用，並增加客人真實體驗沖泡咖啡的感覺，提升客人對咖啡的情
感，以及願意持續學習的動力，如此一來，也會對咖啡店產生愛屋
及烏的心理。

■ 讓客人自己決定想要沖泡的咖啡量，以及自己想要的咖啡豆與烘焙
方式（咖啡豆的原價很低，而且成本幾乎都是在販賣管理費用上，
所以多提供一些咖啡豆讓客人做體驗，在成本上不會構成大問題，
但是對客人來說，卻增加了體驗與嘗試的感動）。

■ 店家為了讓顧客感受到更高的投資報酬率，如果客人想要額外訂購
其他店家的食物，咖啡店本身不額外收取客人的服務費或手續費，
只收餐點的原價，以及本店所提供的咖啡價錢（雖然提供訂餐服務
沒有增加利潤，但是對客人來說，這家店的咖啡價值卻提高了）。

(5) 創新創意的例子

　　根據觀察後發現，林老闆的咖啡店附近的單身男性客人較多，所以林老闆可以將咖啡店的風格營造出結交志同道合朋友的場所，如：咖啡×鐵道（雖然只有某一部分的男性對鐵路有興趣，但是因為這種族群非常團結，所以可以試試看把鐵路模型、火車模型擺在店裡看看效果如何，若反應不錯，可以再試著將咖啡店裡的看板之類的東西全部換成和鐵道相關的東西，藉由鐵道相關擺設商品，吸引更多鐵道迷或路過客人的目光，希望進一步能讓客人進入咖啡店消費）。

　　把咖啡店轉型成可以結交好朋友的社團，如：咖啡×SNS 社群 (Social Networking Service Community)。店家可以思考讓咖啡店成為一個交流的平臺，讓具有相同興趣的客人可以在此建立彼此聯絡的場所，另外，店家也可以建立同好彼此交流的機制，如：留言版、LINE 社群、臉書社群等。也可以為這些同好定期在咖啡店裡舉辦聚餐派對，或是企劃和客人一起結伴旅遊、攝影、聚會等。

§　相同主題的電影──《第 36 個故事》§

■電影介紹

　　《第 36 個故事》於 2010 年 5 月 14 日在臺灣上映，獲得第 47 屆臺灣電影金馬獎最佳原創電影歌曲獎，由蕭雅全指導，主要演員是：桂綸鎂、林辰唏、張翰。整部片雖然是以愛情文藝素材為主要基調，但「朵兒咖啡館」可以順利經營出特色，並獲得顧客的廣大迴響卻是因為「以物易物」的創意行銷模式。

■內容介紹

　　「朵兒咖啡館」位於富錦街上，是朵兒和薔兒兩姐妹開的特色咖啡店，朵兒為了這浪漫的咖啡店夢想，毅然地捨棄了原本的設計公司穩定的職員生活，但是擁有一家自己夢想的店，真的是一件浪漫的事嗎？

　　學貿易出身的妹妹薔兒想到了「以物以物」的方式，也成為「朵兒咖啡館」極具創意的特色經營方式，來店裡的客人可以拿自己的東西來店裡交換東西，但是必須點一杯咖啡……。

■「朵兒咖啡店」的創新價值

　　「朵兒咖啡館」藉由營造出一個獨特且公開的「平臺」，讓想要交換物品的同好來到這裡，交換物品、各取所需，而代價就是買杯咖啡……。客人來到「朵兒咖啡館」不只享用到一杯咖啡，也為自己創造出了一個價值──享受「交換」的樂趣。

(二) 薑之軍發財記

圖片取自網路 http://emmm.tw/L3_pic.php?pic=m10779_0.jpg

1. 薑與名間鄉

　　薑可分為老薑及嫩薑兩種，盛產期為六月至十二月，薑在南投縣的產量居全國之冠，栽植面積約 473 公頃，年產量約 15,600 公噸，年產值逾 4 億元，是南投縣最重要的高經濟作物之一，而其中最主要的產地即在名間、埔里、國姓一帶，名間鄉栽培面積約 200 公頃，是全省聞名的嫩薑高經濟作物區。

　　老薑可以烹調食物，如：薑母鴨、麻油雞，另外產婦可用老薑煮成薑母茶，等降溫後可以用來洗頭，能有效避免產婦產後頭痛、頭暈等俗稱「頭風」的症狀。嫩薑可以切片鮮食，或是作為食物去腥味之佐料，也可以醃漬成醬菜。嫩薑有一種獨特的香甜帶辣的香味，是下飯的最佳佐菜，嫩薑甚至已外銷到日本，為臺灣貿易出口創造了亮眼成績。

2. 出現危機

民國85年，南投縣所出產的生薑經歷了一場嚴重的軟腐病，一分地只要兩小時就全被感染，不到兩天的時間，一甲地的薑就全部枯萎死亡，農民搶收不及，損失慘重。當時產出大量的次級生薑嚴重滯銷，致使薑農生活愈來愈辛苦。次級薑年產量約 40 萬公斤，如果全數丟棄，不但可惜，對薑農的損失也非常大，我們可以粗略計算薑農的損失：25 元／斤×400,000 斤＝10,000,000 元。

產銷班在險惡的環境下應運而生，這是由一群志同道合的薑農所組成，也是臺灣唯一生產生薑的產銷班。

3. 創意思考過程

我們試著以「5W2H」、「加減乘除法」來思考當時生薑產銷班如何帶領一群薑農，把危機化為轉機。

(1) 以「5W2H」分析問題

Why
- 消費者為什麼要來買生薑？
- 消費者希望達成的目的是什麼？

When
- 一般人用薑的時機為何？
- 使用薑有季節性嗎？
- 消費者使用薑的頻率高嗎？

Where
- 販售薑的地點大都分布在哪裡？
- 消費者喜好購買薑的地點又是在哪裡？
- 兩者之間的地點相同的嗎？

Who
- 誰會來購買薑？

■ 怎樣的人會來買呢？

What
■ 薑還能有哪些用途？
■ 作為食品使用？薑可以廣泛成為生活用品嗎？

How
■ 消費者會喜歡哪種薑的產品？
■ 用什麼樣的方法可製造出消費者喜歡的那種產品？

How much
■ 消費者願意付多少錢來購買薑呢？
■ 消費者想控制在多少錢以下？
■ 為什麼薑會滯銷呢？是因為氣候暖化，使薑母鴨生意變差嗎？薑還有哪些食用方式？是因為煮薑茶很麻煩嗎？如果改成用沖泡的方式呢？為了推銷薑，可以降價求售嗎？
■ 次級薑還有不同的處理方式嗎？若製成其他產品，消費者願意花多少錢購買？

(2) 以「加減乘除法」來分析問題

（＋）的部分
■ 在不增加成本的情況下，提高薑品的分級，把薑的等級提高為六級，滿足各層次消費者對薑的需求。
■ 提供遊客 DIY 醃薑的體驗。
■ 增加生薑的附加價值。

（－）的部分
■ 降低薑次級品的浪費。
■ 減少生薑的存貨量。

（×）的部分
■ 生薑×不同的業界

除了生薑產業外，其他的產業有沒有滯銷或次級品的問題呢？如果把眼前的問題放到其他產業去，其他產業的業者會怎麼樣面對問題、思考問題、處理問題呢？

■ 生薑×不同的評價

生薑除了原有的使用方式外，能不能製成不同的產品呢？

(3) 創新的點子

① 生薑洗髮精

■ 靈感來源：80歲老婆婆利用老薑煮成薑母水，給正在做月子的孫媳婦洗頭髮，根據老中醫的說法是，用這個方法可避免產婦在產後得到頭痛、頭暈等俗稱「頭風」的症狀。

■ 過程：仿效老婆婆的方式，利用老薑煮成薑母水洗髮半年後，似乎成效不彰，只好另尋辦法，直到獲得農委會臺中區農業改良場及中興大學推廣中心教授的指導後，才有了新的解決方式：運用生化科技萃取生薑及天然植物珍貴成分，並經生物科技「人工消化分解酶」，將養分分解成極細微分子。運用新科技，能讓薑的養分更深入人體細胞，讓人體組織快速吸收，且人體使用後不會散發殘留生薑的辛辣味道，克服了技術問題後，生薑已順利研發成高附加價值產品。有了商品研發技術後，可以找合適廠商進行合作，進入量產，預計一個月可生產約 500 公斤的薑精油，而每 100 公斤的薑精油可製成 1,333 瓶洗髮精，每瓶洗髮精賣 250 元。製作成本占售價的六成（150 元）。

■ 收益：月營業額：500 萬元，利潤：10%（50 萬元）

■ 成效：生薑的保存期限是 25 天，變成精油可以長久保存，不但解決生薑滯銷問題，也解決次級薑的問題，更提高產銷班班員的利潤（每月 2～3 萬元）。

② 薑渣

■ 薑渣風乾後，可用來泡澡。

■ 2,400 公斤的生薑可生產 100 公斤的薑渣，每公斤預估可賣 500 元。

■ 生薑達到完全利用。

③薑茶包

■ 用未賣出的生薑製成。

■ 解決生薑滯銷問題。

■ 自創品牌，自產自製自銷，提升利潤。

④醃薑 DIY

■ 指導薑農醃薑技術。

■ 提高薑的出貨量。

■ 提高薑的保存期限到一年。

■ 吸引遊客進行生薑醃漬體驗，達到促銷目的。

(4) 行銷策略及限制

■ 生薑原本是透過薑農自產、自製、自銷，欠缺專業行銷人員指導，這是最需要克服的狀況。

■ 薑農原本都是透過農會與其他農會的策略聯盟進行行銷。

■ 薑農園有的資源過小，且不敢與私人企業體系合作，這是傳統薑農的模式，需要再創新改進。

(5) 行銷通路

■ 經過產銷班的努力後，生薑相關產品已經可從在地雜貨店、在地美髮店、代理商（臺北 1 家，傳統市場）、全省農會超市策略聯盟（86 個鋪貨點）購買到。

(6) 打開知名度

■ 游添成及產銷班的相關生薑產品在 91 年榮獲消費者金字招牌獎。

■ 各大電視臺、媒體都爭相採訪報導產銷班的相關生薑產品，如：三立電視臺「草地狀元」單元、台視「發現新臺幣」單元、民視「親戚不計較」單元、華視「華視新聞雜誌」、東森新聞臺。

(7) 產銷班成功因素

　　生薑滯銷問題的解決、生薑產品的開發、生薑行銷管道的多元化經營，最關鍵人物是產銷班班長游添成，他不但具備了領導統馭能力、行銷能力，還有農人的刻苦耐勞、犧牲奉獻的精神，最重要的是他透過不斷的進修，不只是栽培技術、醃漬方法、提煉精油，甚至涉獵了行銷管理領域，游添成不斷努力學習新知，才帶領名間鄉薑農走出一片天。

(8) 未來展望

　　「薑之軍」已經建構出完整的產品線及品牌名稱了，下個步驟就是進行水平整合，此階段的目標即是擴大農民之間策略聯盟的範圍，等資源放大後，就可以形成一個更具規模的實體機制，包括生產、行銷、人才培訓、後續研發工作，以及財務規劃。等「薑之軍」具有企業規模後，可再進行垂直整合，也就是整合下游通路，讓薑的生產品質及產量均可獲得提升。最後的計畫則是讓「薑之軍」的各項產品可以在各大百貨公司進行促銷，打開市場，並建立起全省行銷網。

§相同主題的電影——《翻轉幸福》§

■電影介紹

　　《翻轉幸福》是由珍妮佛勞倫斯與導演大衛歐羅素三度合作所完成的作品，珍妮佛勞倫斯再度以本片入圍 2016 年奧斯卡最佳女主角。本片改編自真人真事，描述單親媽媽喬伊努力打拼，不認命的她在發明了革命性的魔術拖把後，也改變了自己的人生。

■內容介紹

　　《翻轉幸福》描述一位單親媽媽喬伊（珍妮佛勞倫斯飾）從小歷經父母離異，又得撐起全家人經濟與生活的困頓。為了家人，她曾埋藏了自己從小對發明的熱情，直到有一次，喬伊為了幫助家人清理碎了一地的紅酒杯及滿地流淌的紅酒汁液，不小心割傷了雙手，這次的意外傷痕才讓她體內的發明種子冒出芽來——她創造了全世界第一支不用雙手就可以擰乾水漬的魔術拖把。喬伊在創業的過程中不只面對了創業艱難、人心險惡，還有創業夥伴的現實，但她仍舊不服輸地一步一步創辦出屬於自己的企業王

國，翻轉出屬於自己的幸福人生。

■「喬伊」的創業經驗所帶來的價值

喬伊的創意點子如何變成商品？如何申請專利權？如何找到販售平臺？又如何與生產商、專利申請者之間進行法律協商呢？這部影片描述一個實際又深刻的現實：只有創意點子是不足夠的，不但在商品化的過程充滿了挑戰，在創業過程中更是充滿坎坷和危機。

(三) 小小果園轉變成觀光果園

1. 小果園的危機

阿明原本只是一家生意普通的橘子園果農，但當臺灣的觀光產業逐漸盛行，附近的果農也都悄悄地往觀光產業方向進行改造轉型，加上原物料、民生用品又不斷的上漲，讓阿明覺得橘子園經營的愈來愈吃力，為了讓自家果園可以帶來更大的利潤，最後，阿明也決定讓自家橘子園走上轉型之路……。

2. 創意思考過程

(1) 以 5W2H 進行分析問題

Why
- 消費者為什麼要來果園觀光？
- 消費者來果園觀光的目的為何？

When
- 消費者來果園觀光的時機點是？
- 消費者來果園觀光有季節性嗎？
- 消費者來果園觀光頻率高嗎？

Where
- 水果成長的好地點在哪？
- 消費者方便及喜好的地點在哪裡？

Who
■ 有誰會想來觀光果園？
■ 怎樣類群的人會來呢？

How much
■ 消費者願意付多少錢來觀光果園？
■ 除了摘水果以外，消費者願意付多少錢在其他的消費行為？

(2) 運用 5W2H 將問題逐漸劃分

進行除法後，就能蒐集到許多有意義的寶貴訊息：
■ 為了要轉型，觀光果園該注意到哪些事情？
■ 觀光果園要利用什麼手法來推廣行銷？
■ 觀光果園要增加哪些項目，才可以吸引更多的觀光客？
■ 觀光果園可以運用哪些方法吸引觀光客，使他們願意再次來玩？
■ 觀光果園中有哪些項目是不必要的、可以刪去的？
■ 觀光果園中什麼時候種什麼樣的水果最吸引人？
■ 要怎麼樣才能讓觀光客喜歡我們這個觀光果園呢？

(3) 以「加減乘除法」來發展創意點子

（＋）&（－）
■ 增加水果種類，並規劃出四季生產的水果，每季都有其當令水果，供觀光客參觀、採購。
■ 賣相不好的水果以市售的半價販賣。
■ 讓消費者自己採集，一方面可以增加體驗的樂趣，另一方面也可以減少人事成本。
■ 利用網路行銷推廣果園知名度，果園也可提供一些促銷方案。

（×）
■ 現採水果×親子互動
■ 手工水果香皂
■ DIY 小甜點製作

■ 水果主題餐點設計
■ 水果宅配服務

圖片取自網路（卓蘭鎮雄觀光果園）http://itaiwantravel.com/place/attractions2/1448/2660

 創意學習誌

　　本單元第一部分介紹了「加減乘除法」的創意思考方式，並剖析其思考歷程，還介紹了同時靈活運用多種「加減乘除法」方法的創意產品 3M 便利貼，以及 3M 如何活用「加減乘除法」創造出了文具界的不敗商品。第二部分介紹了 5W2H 的思考模式，並說明運用 5W2H 思考模式融入「加減乘除法」的思考架構後，如何讓問題解決模式更具效益。第三部分介紹了三個實際運用的案例。第一個案例是生意冷清的咖啡店，如何運用「加減乘除法」及 5W2H 的創意思考方式，以最少的成本、人力，重新將咖啡店包裝規劃後再出發。第二個案例是「薑之軍」發財記，介紹產銷班班長游添成化危機為轉機的故事。在民國85年，南投縣的生薑經歷了一場嚴重的軟腐病時，游添成如何運用「加減乘除法」及 5W2H 的創意思考歷程挑戰危機，並帶領一群薑農走出新格局，開發出一系列生薑產品，並創造出鉅額

利潤的故事。第三個案例是小小果園轉變成觀光果園的案例，園主也是利用「加減乘除法」及 5W2H 的創意思考過程，有計畫性地將家裡的小果園，改造成極具發展潛力的觀光果園。舊東西如何玩出新花樣？研發商品遇到瓶頸時該怎麼辦？企業經營遇到危機該如何面對？「加減乘除法」及 5W2H 的創意思考法可以活化我們的思維模式，找出一片新商機。

 延伸閱讀

1. 加藤昌治著／王瑤芬譯《考具，有效掌握企劃發想的 21 個思考工具》，商周出版，（臺北市：2010 年 1 月初版）。

2. 深澤真太郎著／李建銓譯《為什麼年薪高的人，數字概念都很強？懂得活用加減乘除，你就是職場人生勝利組》，漫遊者文化，（臺北市：2014 年 5 月初版）。

應用篇

Chapter 8

寫出創意力、企劃力
與執行力的企劃書

　　一份好的企劃書就像是帶領團隊執行任務的工作指南，團隊是否能順利完成任務，就看這份企劃書是否正確、完整且細膩了。在傳統的企劃書寫作上有許多格式及內容的要求，企劃書撰寫人在寫企劃書前，需要完整、嚴謹地做好資料蒐集，並透過實地觀察、記錄後，篩選出正確且適當的資料，之後再以詳實、流暢的文字敘述，並配合簡單而明確的圖表來撰寫。但在新式的企劃書寫作中，若能多些創意思考，就能讓企劃書更有亮點。本章在企劃書寫作中，除了傳統的基本格式外，還融入了前面各章節介紹過的多種創意思考法，讓一份企劃書更具特色，也更能彰顯出企業本身的創意及優勢。

　　本章節將分三大部分，第一部分是企劃書的基本格式介紹；第二部分是運用前面七個章節所介紹的創意思考法，來進行企劃書寫作，並提供幾則寫作範例；第三部分是融合「創新力」、「企劃力」與「執行力」三者的「創意企劃書」比賽得獎作品的內容介紹。希望讀者在寫企劃書之前，能先以第一部分的基本格式為撰寫企劃書的基礎，之後再自行尋找可行的創意思考方式進行寫作，希望藉由本書的寫作範例，可以幫助讀者寫出一份兼具創新力、企劃力與執行力的企劃書。

一、企劃書寫作基本格式

(一) 認清楚企劃書的目的

　　企劃書是幫助我們事先進行規劃和統籌的最好工具，為什麼要透過企劃書進行規劃統籌呢？一場充滿創意的活動，主辦單位最害怕在過程中發生任何一種意外狀況，若能在事發前做好萬全的規劃和準備，就能減少意外的發生，萬一意外發生，我們也可以有其他的備案去回應，就不會手足無措了。

　　另外，藉由企劃書的寫作過程，也可以幫助我們關注手邊資源（人員、時間、金錢、物資……），並將各種資源做最有效率的分配和使用，達到最佳效果。下圖是以圖表來說明什麼是企劃書：

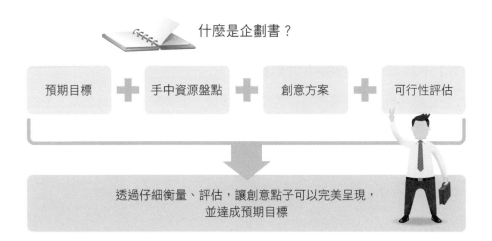

(二) 企劃書寫作流程

　　在寫企劃書之前要先設定出一個預期目標，還要先盤點自己手中有哪些可運用的資源，以及如何透過創意方案來達成目標，另外，最重要的是藉由這份企劃書，企劃人員必須對此創意方案進行各方面的評估，看看在

完成預期目標的同時會消耗多少成本，又會帶來多少效益。

　　而企劃書中除了由企劃人員先在紙上談兵外，最重要的是要把此企劃書拿給相關人員進行評估，藉由他們專業的立場提供有效建議，企劃人員再根據這些專業的意見，進行企劃書的修正與改進，之後讓相關人員依據此企劃書去執行時，才能成功完成預設目標，如下圖所示：

企劃書寫作流程圖

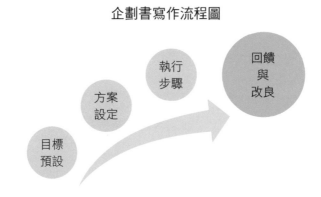

(三) 預設目標前的基本分析模式

　　企劃人員在企劃寫作時有了預設目標後，還需要清楚的分析當下所要面對的問題，並掌握各種可能狀態，才能寫出具有可執行性的企劃書。

　　在企業管理領域中，有各式各樣的問題分析模式，以下就介紹最常使用、也最具效果，更適合於企劃書寫作時使用的兩種分析模式，分別是：5W2H、SWOT 分析法。

1. 5W2H

　　預設目標之前要先清楚分析問題，而 5W2H 就是最實際也最簡單的問題分析法，5W2H 又代表哪些英文字呢？如下圖所示：

5W2H 基本分析要素

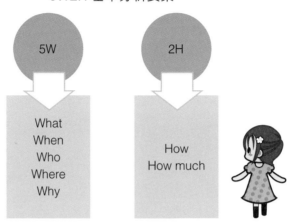

2. SWOT 分析法

　　SWOT 分析法是目前企業界最普遍使用的問題分析法之一，既能快速分析問題，又能引導企劃人員清楚設想出提供問題解答的方向，SWOT 又代表哪些英文字呢？如下圖所示：

SWOT 分析

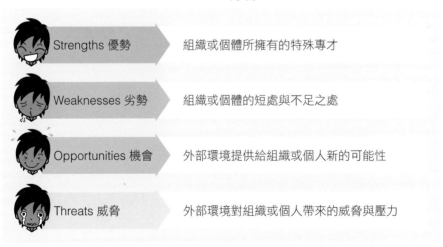

(四) 企劃書寫作基本格式

　　要寫出一份完整的企劃書除了要有創意和縝密的思緒之外，還要符合企劃書的基本寫作格式，企劃書要有哪些基本內容呢？如下圖所示：

1. 封面
2. 目錄
3. 宗旨／緣起
4. 內容或活動介紹
5. 工作職掌（人力分配）
6. 企劃特色
7. 預期效益／目標描述
8. 預算表
9. 時程表
10. 附件

1. 封面

　　企劃書的封面要註明企劃案的主題、名稱、地點、撰寫人員、撰寫日期。另外，可以在封面設計上，搭配圖像、照片或插畫，如有必要，可打上「機密」兩個字。

2. 目錄

　　翻開封面後，要有整本企劃書的章節目錄，以方便日後檢閱。目錄頁的設計，可利用不同的字級變化、標號，來標示不同的章節，讓閱讀者可以快速掌握企劃書的重點內容。

3. 宗旨、緣起

　　在宗旨、緣起部分可以簡單介紹寫這份企劃書的因素、故事，並為這份企劃書做一個簡單的摘要，讓閱讀者可以快速掌握這份企劃書的核心精神。

4. 內容或活動介紹

　　內容或活動介紹是這份企劃書最重要的部分，可以包含：活動名稱、活動目的、活動日期、活動時間、活動地點、活動對象、活動內容等等，不一定要每個項目都寫，只要依據自己手邊的素材來寫即可。

5. 工作分配

　　在企劃書中要將執行此企劃的重要成員做基本介紹，包含：團隊夥伴的照片、職務、負責的工作、聯絡方式等，以及建構出相關的人事組織表，包含：董事長、顧問、其他相關部門等。在企劃書內要將各個部門負責的任務做好詳細分配，如此一來才能讓組織各部門有效分工合作，也能避免相互推卸責任的問題。

6. 本企劃的重要特色

　　企劃書的寫作目的是為了設計出一個有意義的活動，或是解決某個問題，而動員手邊相關資源，以達到預期目標的一種有效方式，因此企劃書除了提供一種執行前的前瞻報告外，也要能說明此份企劃書的重要特色在何處，可以是一種極具創意的思考方式，或是極具效率的執行方式等等。

7. 預期效益

　　企劃書要能夠清楚的說明藉由這次的活動，以及投入的諸多資源和人力，是希望達到什麼樣的目標與成果，藉由企劃書的撰寫，也是要告訴所有團隊夥伴這次任務務必及時完成，不能打迷糊仗，也不能半途而廢。

8. 預算表

一項活動是否能順利舉辦，最重要的是資金來源是否足夠，而一份企劃書中最重要的部分也在於執行活動時的成本預算是否能精準無誤。成本包含了（人、地、物、食、衣、住、行）等資金來源，以及分配比例等等，企劃撰寫人員在預算分配上最需要花心思與腦筋，因為預算表的精確與否是此次企劃的成敗關鍵。

9. 時程表、事前工作時間擬定

企劃書的寫作是為了能完成預設目標，而何時開始做、何時完工，時程表占了很重要的因素，因此一份好的企劃書必須有一個預訂時間表，清楚掌握每個部門或每件事物應有的流程進度，通常我們會以甘特圖來做企劃書的時程規劃，如下圖所示：

項目／週次	六	七	八	九	十	十一	十二	十三	十四	十五	十六
1. 企劃撰寫	●	●	●	●							
2. 文宣製作			●	●							
3. 招生				●	●	●					
4. 收費				●	●	●					
5. 活動進行							●	●	●	●	
6. 計畫檢討										●	●

藉由上文的社團招生企劃書甘特圖，可以清楚看到當中有六個項目預定要完成，也為此六個工作項目分別做出預定完成的時程表，如：第六週到第九週寫企劃書，第八到第九週做文宣製作，第九到第十一週是招生期……。

10. 附件

在企劃書中，如果有相關文件和補充資料，可以放在附件。另外，企劃書中有個重要的部分──「參考資料」，包括引用哪些報章雜誌、專

書、期刊、網路、調查資料、研究報告、政府出版品等的來源、出處，也可放入附件。

(五) 企劃書範例

下文是 T 大學教職員單身聯誼活動企劃書，本企劃書另包含附件，共三頁，如下圖所示：

99 年度 T 大學「緣起臺東 幸福久久」
——聯誼活動企劃書

一、目的：為促進 T 大學與各公務機關學校員工交誼，增進兩性良性互動及情感交流，並擴大社交生活領域，特訂定本計畫。

二、主辦機關（構）：T 大學

三、協辦機關（構）：行政院海岸巡防署海岸巡防總局東部地區巡防局、國立臺灣史前文化博物館、T 大學附屬體育高級中學、T 大學附屬特殊教育學校、T 大學附設實驗國民小學。

四、承辦單位：金滿意旅行社

五、權責分工：承辦單位負責活動之內容規劃、活動滿意度調查

六、各梯次活動內容：詳如附件

梯次	時間	活動名稱	活動地點	集合地點
1	99.7.25（星期日）	緣起臺東幸福久久	臺東鹿野地區	臺東火車站

七、每梯次參加人數暫定為 30 人（男、女生人數各半），主辦單位得視報名實際情況及先後順序，酌予調整參加人數及性別。

八、集合地點：臺東火車站

九、活動內容：如附件行程表

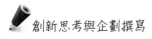
十、參加對象（須年滿 20 歲以上之未婚者）：

(一) T 大學（含約用人員）之未婚員工及員工之未婚子女及兄弟姊妹。

(二) 全國各公務機關（構）及公立學校現職之未婚公教員工。

十一、報名及繳費相關事項：

(一) 報名方式：本次活動採網路報名，報名網址：http://goo.gl/T3ZExN，欲參加者請上網填妥報名表，連同身分證正反面影本及工作證件正面影本上傳，始可完成報名。

(二) 繳費方式：

　　報名資格經主辦單位確認後，相關活動訊息由金滿意旅行社於出發前 10 天，以 E-Mail、簡訊、電話通知。參加人員務必於接到通知 3 日內（含通知日）繳費，並將個人轉帳帳戶末五碼資料、參加者姓名及參加活動日期至金滿意旅行社網站 http://goo.gl/nyd7ZI 登錄後始完成匯款手續，以利資料核對。請保留相關繳費證明至活動結束，未如期繳費者，將由候補人員依序遞補之。

　　錄取者請留意 E-Mail 信箱及手機（報名表內的聯絡電話、通訊處及 E-Mail，請填寫清楚，俾便及時聯絡，如未填寫致無法參加者自行負責）。

匯款（轉帳）相關資料：

　　匯款帳號：151-121-380-96

　　代收銀行：臺灣企銀埔墘分行 (050)

　　戶　　名：金滿意旅行社有限公司

(三) 退費相關事宜：

　　參加人員繳費後，如無法出席者，不得私自覓人代理參加，並依據交通部觀光局 98 年 1 月 17 日觀業字第 0990044124 號函修正發布之國內旅遊定型化契約書規定辦理。活動日前十日（不含活動日）告知承辦單位方得予全額退費；通知於出發日前第四日至第九日以內到達者，賠償旅遊費用百分之三十；通知於出發日前一日至第三日以內

到達者，賠償旅遊費用百分之七十；通知於出發當日以後到達者，賠償旅遊費用百分之一百。活動當日取消參加者、集合逾時、因個人因素私自脫隊及未通知不參加者，恕不退費。又以上費用退還仍需酌收匯費 50 元。

(四) 因報名人數眾多，未列入參加名單者，不另行通知。

十二、注意事項：

　　　報到時請務必攜帶身分證，以備查驗，如未攜帶者，承辦單位保留當事人參加與否之權利；個人資料如有虛偽不實者，須自負相關法律責任。當日之活動除因天然災害順延舉行外，一律風雨無阻照常活動。本次活動報名人數如未達 20 人，即取消本次活動。

十三、協洽資訊：

(一) T 大學：詢問電話：(089)517-455 孫小姐

(二) 金滿意旅行社：電話：(02)-2222-5987 林先生

十四、本實施計畫如有未盡事宜，得由主辦機關（構）與承辦單位隨時補充之。

附件

活動流程

時　　間	活動行程	活動內容	地　點
08:00～08:30	歡喜來報到	第一類接觸	臺東火車站
08:30～09:30	好緣啟動	車上歡樂時間	幸福列車
09:30～10:30	美好時光	在大地美景前，藉由聯誼小遊戲，拉近單身男女的距離	鹿野高臺
10:30～11:30	幸福升空	翱翔晴空——繽紛美麗熱氣球旅程	鹿野高臺
11:30～11:50	幸福啟航	車上小歇，前往鹿鳴酒店	幸福列車

時　間	活動行程	活動內容	地　點
11:50～13:30	美食饗宴	一場愛與美食的盛宴，讓我們一起品嚐箇中滋味	溫泉酒店
13:30～15:00	緣來就是你	1. 換桌——尋找真命天子／女 2. 聯誼——真命天子／女在這裡	
15:00～15:20	歡樂啟航	前往龍田村	幸福列車
15:20～17:20	美妙時光	龍田村單車導覽、漫遊	龍田村
17:20～17:30	緣來就是你／妳	寫下我倆愛的約定	
17:30～	幸福航線	結束一天愉快又幸福的旅程	幸福列車
期待～情緣久久			

活動時間：99 年 7 月 25 日（星期六）08:00～17:30

活動費用：新臺幣 1,500 元

集合時間地點：臺東火車站

二、運用創意思考法進行企劃書寫作範例

接下來要介紹的是創意企劃力與執行力企劃書，企劃書寫作人員必須先具備第一部分所介紹的「企劃書寫作基本格式」的寫作能力，在執筆前必須仔細思考這次企劃書的寫作目的、預期目標，之後得花時間與團隊夥伴進行討論，並做各種資料蒐集與適當篩選後，再思考可以運用前面章節所介紹的哪一種創意思考方法去分析問題、解決問題、達成目標，如此一來即可完成一份兼具創意力與執行力的新型企劃書。

本章所介紹的三個例子，大約是 2010 年時的創意行銷企劃實作課堂上學生的報告作業，最後再經過一定程度之改寫而成。資料來源為網路、「乾杯燒肉」官方網站、報紙、媒體報導等，數字分析為當時所蒐集的相關參考數據及大概數字，只作為課堂練習使用。現在的「乾杯燒肉」、「同心圓水晶紅豆餅」、「愛拼股份有限公司」都已經發展為更大的企業集團了，「乾杯燒肉」甚至成為一個連鎖品牌集團，和當時創業初期已不可同日而語，先在此做補充說明。

上圖為乾杯燒肉居酒屋平面宣傳單及店面照片
資料來源：2010 年度學生翻拍資料

(一) 乾杯燒肉──運用「曼陀羅」創意思考法

1.背景介紹

　　在臺灣，燒肉店兩年內倒一半，但為何乾杯燒肉店在創業初期卻能有年成長 15% 的好成績？一個日本人開的燒肉店，如何成功捉住臺灣人挑剔的胃？這要從 1999 年說起，當時就讀輔仁大學哲學系大三的平出莊司，在因緣際會下走上了創業路，用家裡的援助金和自己打工存下的錢，湊出八十多萬元，接下日籍友人在東區巷內的小居酒屋店面，經營起副業「乾杯」。

　　乾杯燒肉店如何在臺灣燒肉界闖出一片天？這要從年僅三十七歲的乾杯燒肉社長平出莊司「超 high」的快感經營模式說起，每晚八點鐘，一個十秒的吻、一個豪爽的乾杯，炒熱了燒肉店的氣氛，也點燃了客人豪爽消費的熱情。這位外籍社長經過了九年，大約三千多個日子的奮鬥後，創造出比同業多一倍的黃金坪效，以每坪五萬元，拿下全臺燒肉王封號，這個成績讓王品集團董事長戴勝益也驚呼連連，因為王品集團的原燒燒肉店的成績，與乾杯燒肉店的一坪五萬元相較之下，只有一半。

2. 以曼陀羅創意思考術分析乾杯燒肉經營模式

(1) 創業公司／商品名字：乾杯股份有限公司／日式燒肉居酒屋

　　乾杯燒肉創業緣起，是社長平出莊司經歷過日式燒肉盛行風潮，感受到燒肉店帶來的歡樂氣氛；在臺灣就讀大學期間，也感受到臺灣人喜愛聚餐的特性。在 1999 年恰逢日籍友人在東區巷內的小居酒屋店面想轉讓，平出莊司以啤酒結合燒肉的理念，重新為這家小居酒屋注入新的元素，以八十多萬元承接店面，開始經營起乾杯燒肉。

(2) 理念

　　平出經營乾杯燒肉的創業理念，即是秉持著「飲食文化的交流以及社會貢獻」的精神，為乾杯燒肉店注入活力熱情的靈魂，平出想傳達給客人歡樂、感動、明天還能繼續生活下去的勇氣，以及賦予這個社會一種藉由飲食得到元氣的理念，讓乾杯燒肉店成為這個都市中不可或缺的存在的理念。

平出充分展現執著與嚴謹的日式服務精神與經營理念,成就了屬於「乾杯」的核心競爭力,為了讓賓主盡歡,乾杯燒肉店嚴格要求每樣食材的品質,真心營造歡樂氛圍,用心堅持服務熱忱,把客人當家人、當貴賓,無論食材、服務都是要給最好的。

(3) 公司／商品簡介

　　乾杯燒肉店為客人創造出能夠一邊享用美味燒肉,一邊開心暢飲美味啤酒的安全又歡樂場所,並用「超 high」的快感經營學,期望客人豪爽享用美食、豪爽消費!

(4) 公司／商品的目標族群（以兩個表格做分析）

	年輕消費群	輕熟女性消費群	熟齡消費群
購買力	低	中	高
消費行為分析	1. 年齡層較低 2. 財富雖不高,但消費能力卻不低 3. 喜愛聚餐 4. 喜愛特色活動	1. 具一定經濟能力 2. 消費力強 3. 有主見 4. 喜愛女性獨特設計	1. 年齡層較高 2. 具有財富 3. 具一定消費力 4. 重視用餐環境品質
對策	1. 年輕新潮熱鬧用餐環境 2. 提供完善的服務 3. 玩遊戲送啤酒	1. 針對女性設計用餐環境 2. 提供貼心服務 3. 玩遊戲送紅酒	1. 高質感精緻用餐環境 2. 提供優質服務品質 3. 玩遊戲送白酒
銷售比例	40%	30%	30%
說明	1. 對價格較敏感 2. 氣氛重於品質 3. 喜愛特色活動	1. 對價格較不敏感 2. 喜愛針對女性所設計的裝潢、菜單等	1. 對價格不敏感 2. 具一定財力 3. 重視品質

(5) 創意行銷思考——運用曼陀羅思維法

上班族	熟齡族	社會新鮮人
小康家庭	目標市場	輕熟女
公務員	大學生	公司團體

社群網站	手機與通訊業	報紙
電視專訪	行銷方式	專屬網站
雜誌	大型看板	置入式行銷

親親五花肉	啤酒	日式居酒
八點乾杯	特色	融入生活
平價時尚	High歡樂氣氛	遊戲活動

以客為尊	忠誠度	顧客感動
滿意度	顧客關係	高度互動
不冷場	拉近距離	分析顧客資料

目標市場	行銷方式	特色
顧客關係	乾杯燒肉	食材
員工特色	用餐目的	促銷方式

口味多樣	生啤酒	嚴選食材
生菜沙拉	食材	手工切片肉品
肉品多樣	特調醬汁	不斷創新

明星特質	服務熱忱	外向活潑
表現自我	員工特色	主動
魅力自信	機智	樂觀進取

隨機	離職	入伍
結婚	用餐目的	生日
特殊節日	朋友聚會	家庭聚會

滿額贈	折價券	特定時段優惠
集點	促銷方式	團購優惠
團體優惠	節日促銷	贈品

　　以下我們將分成八項逐步做細項分析，此八項分別為：目標市場、行銷方式、特色、顧客關係、食材、員工特色、用餐目的、促銷方式。

①目標市場

上班族	熟齡族	社會新鮮人
小康家庭	目標市場	輕熟女
公務員	大學生	公司團體

②行銷方式

社群網站	手機與通訊業	報紙
電視專訪	行銷方式	專屬網站
大型看板	置入式行銷	雜誌

③特色

親親五花肉	啤酒	日式居酒
八點乾杯	特色	融入生活
平價時尚	High 歡樂氣氛	遊戲活動

④顧客關係

以客為尊	忠誠度	顧客感動
滿意度	顧客關係	高度互動
不冷場	拉近距離	分析顧客資料

⑤食材

口味多樣 鹽烤、味噌、奶油	生啤酒	嚴選食材
生菜沙拉	食材	手工切片 冷藏肉品
肉品多樣	特調醬汁	不斷創新

⑥員工特色

明星特質	服務熱忱	外向活潑
表現自我	員工特色	主動
魅力自信	機智	樂觀進取

⑦用餐目的

隨機	離職	入伍
結婚	用餐目的	生日
特殊節日	朋友聚會	家庭聚會

⑧促銷方式

滿額贈	折價券	特定時段優惠
集點	促銷方式	團購優惠
團體優惠	節日促銷	贈品

(6) 行銷策略分析

①目標市場——依不同消費群,設計出不同風格的分店

由以上曼陀羅思考法分析後,我們發現在各個階層的消費族群中,各有其消費比例,因此乾杯燒肉店針對不同族群,設計出各具風格的用餐環境,例如:乾杯、小乾杯、老乾杯、燒肉&葡萄酒等不同風格的分店。

②行銷方式

除了專屬網站、社群網站、手機、電視專訪、雜誌,乾杯燒肉店也注意到時下許多人會經由社群網站及手機簡訊軟體獲取資訊。此外,現代人以電視與雜誌打發時間的機率也很高,所以乾杯燒肉店會在社群網站發布相關訊息,並與通訊業者合作發布簡訊,也積極投入電視專訪計畫,以及在各大品牌的雜誌上刊登廣告或專欄,藉由多元行銷方式,希望能有效的宣傳乾杯燒肉店的產品及特色。

③特色

什麼是阿莎力?「第一敢說,就要做得到;第二你先給,不要計較。」乾杯燒肉就是藉由阿莎力、豪爽的格調與客人搏感情,阿莎力的玩遊戲送啤酒、肉盤,以此歡樂風格衝高營業額。

社長平出認為既然叫乾杯,乾脆晚上八點鐘,讓全場客人一起乾杯,再加送一杯啤酒。另外「只

要接吻十秒，送一盤豬五花」，乾杯燒肉店的店員在八點鐘一到，總能以起鬨的方式把乾杯燒肉店的氣氛帶到最高潮。

④顧客關係——高度互動、拉近距離、滿意度、忠誠度

乾杯燒肉店藉由各種方式，增加與顧客互動機會，並拉近距離，以及適時詢問菜色是否合胃口，以增加客人滿意度，進而增加回客率，且建立起忠誠度。

⑤食材——嚴選肉品、新鮮生啤酒

乾杯燒肉店的肉品完全不使用冷凍肉品，而是要高品質的冷藏肉品，並在定溫下，熟成為最美味的狀態後，以手工一片一片細膩地處理，肉品本身都是由日本進口來臺，一定堅持在最好的狀態下，提供給客人最好的食材。

⑥員工特色——明星特質、服務熱忱、外向活潑

把顧客當明星，把店員也當明星，輔大哲學系畢業的平出莊司完全洞悉人心，他說「我只要讓他們覺得在乾杯燒肉店，自己就是明星」，他從這些一輩子不可能站在人群中表演的人身上，成功地找到乾杯燒肉店天天歡樂的生意密碼。再來就是配合最棒的催化劑——朝日生啤酒，就能讓店裡的氣氛進入歡樂美好的最高點。朝日啤酒於大阪工廠製造後，直接將新鮮的生啤酒輸入乾杯，所以每杯都注入了滿滿的愛。

⑦促銷方式——特定時段優惠、滿額贈、折價券

每晚八點是乾杯燒肉店最熱門的時段，為顧及其他時段的客人，並提高翻桌率，及增加非熱門時段的到客率，乾杯燒肉店推出一系列平日優惠：四人同行送牛五花或豬五花一盤、超值午餐、 "Happy Hour" 星期一至星期五PM 7：30 前買單離場，即可享有九折優惠，以及「乾杯夜酒會」——星期日至星期四，晚上九點開始，相同酒精類飲料買三送一等優惠方案。當然，促銷方式會不斷更新，讓客人充滿驚喜感與新鮮感。

(7) 競爭者分析

　　乾杯燒肉店希望給客人的是一個開心的環境、貼心的服務，和有禮貌、有元氣的店員，客人來乾杯用餐的原因有很多都是同事聚會、生日或是升官等值得祝賀的時刻，也有被男女朋友拋棄，或是考試沒考上等等需要痛飲千杯的悲傷時刻，但無論如何，乾杯燒肉店至少要讓客人在那用餐的時候是心情愉悅的，那就是食材之外的附加價值。

　　以下表格是同業競爭者的分析，同業為燒肉界赫赫有名的：原燒、野宴，競爭比較的項目是：消費方式、肉品品質、用餐氣氛、店內活動、價格、優惠活動方式等等。

比較項目	消費方式	肉品	用餐氣氛	店內活動	價格	價惠活動
乾杯	單點	佳	熱鬧	有	高	多
原燒	套餐	佳	質感	無	中	少
野宴	吃到飽	普通	溫馨	無	低	少
對策	➢ 野宴走平民吃到飽路線，價格相對來講較低，**肉品品質較普通**，相對來說，乾杯以肉品品質取勝。 ➢ 原燒以套餐價格來說雖比乾杯單點來得低些，但是套餐的**肉品份量稍嫌不足**，而是以其他附餐，例如：沙拉、湯物、石鍋飯、甜點等來增加飽足感，若是**想大啖燒肉的顧客難免失望**。 ➢ 乾杯以嚴選肉品、熱鬧氣氛、新鮮啤酒、各時段不同優惠活動等來吸引顧客，並在同業中脫穎而出！					

(8) 公司或商品之經營規劃與營運情形

　　以下分為兩部分做分析，分別為：產品項目、價格策略。

①產品項目

　　乾杯燒肉店的產品可大致分為四大類，分別為：主食、副餐、飲品、甜品。下列表格將以此四部分做銷售比重分析。

項目	內　　容	銷售比重
主食	各式肉品：牛肉、豬肉、雞肉 海鮮：魚類、花枝、蝦、貝等 鋁箔：蛤蜊、鮭魚燒、奶油金針菇、起司洋芋等	50%
副餐	前菜、沙拉、飯、湯品	15%
飲品	酒精飲料：**啤酒**、各式沙瓦、其他酒類 無酒精飲料：健康纖體系列、可爾必思、蘇打……	30%
甜品	各式特製冰淇淋	5%

* 目前乾杯營業額中，啤酒的貢獻度高達 23%，一年賣出 3,500 萬元的生啤酒，在業界數一數二。

②價格策略

以下是乾杯燒肉店的四項主要產品的內容及價格狀態細部分析圖表，及乾杯燒肉店的四項主要產品呈現給客人的菜單方式。

項目	產品內容與價格
主食	各式肉品：$100～450 海鮮：$120～150 鋁箔：$70～150
副餐	前菜：$60～120 沙拉：$50～150 飯：$30～150 湯品：$50～80
飲品	酒精飲料：$90～350 無酒精飲料：$40～120
甜品	各式特製冰淇淋：$70～120

主食 menu

副餐 menu

飲品&甜品 menu

以上 menu 資料均為翻拍自 2010 年乾杯燒肉的當年度資訊

③管理計畫

　　乾杯燒肉店的管理可分成六個部分，分別為：人力資源管理、貨品管理、財務管理、銷售管理、客戶管理、售服管理。我們可以再分成兩大表格，第一個表格是後端的基礎管理，分別是：人力資源管理、貨品管理、財務管理。另一個是與顧客息息相關的前端管理，分別是：銷售管理、客戶管理、售服管理。

項目	內　　容	文件
人力資源管理	人力資源管理著重在對於組織的認識、人員編制、培訓、績效管理等。	人資管理辦法
貨品管理	電腦化進銷存貨管理各式表格等。	貨品管理辦法
財務管理	損益表、資產負債表、營業額結算、費用支出等會計工作。	財務管理辦法

項目	內　　容	文件
銷售管理	產品介紹、點餐、食用方式等。	銷售管理辦法
客戶管理	顧客開發、顧客銷售、顧客服務、提高顧客滿意度等。透過顧客客群分析，找出客戶可能的消費行為，針對不同客群區隔規劃相關行銷活動，以有效提升銷售率。	客戶管理辦法
售服管理	要掌握「**顧客對服務的事前期望與事後認知的缺口**」：了解顧客的需求、期望所提供的服務品質或規格，能夠達到顧客的要求。 * 期望服務＞實際服務→不能接受的服務品質 * 期望服務＝實際服務→滿意的服務品質 * 期望服務＜實際服務→理想的服務品質	售服管理辦法

(9) 財務（全省共 15 家分店）

　　好的理念是創業成功的要素之一，但企業能不能持久經營最重要的要素在於財務是否健全，以下我們將乾杯燒肉店的財務分成兩大類做分析，分別是：支出與銷售。

　　在支出部分，我們可以分成四個部分，分別為：固定資產投入、銷貨成本、人事費用、營業費用，以下我們將用表格做分析：

①支出預測——固定資產投入

	金額（萬）	說明
店租	150	租金占成本10%以下。
室內設計裝潢費用	450	全省共15家分店。
網頁設計費用	3	本公司專屬網站。

②支出預測──銷貨成本

名稱	金額（萬）／月	金額（萬）／年	說明
食材	300	3,600	牛肉最主要來自澳洲與美國的和牛，每個月要買一千一百斤的牛肉。上千斤的牛肉，平出莊司的作法是冷藏而不是冷凍，冷藏的時間約一個月，這樣的牛肉才好吃。 如果採用冷凍牛肉，或許成本就會下降，但為了維持牛肉的新鮮度，他一直堅持不讓客人吃冷凍牛肉。
飲料	30	360	
合計	330	3,960	

③支出預測──人事費用

名稱	金額（萬）／月	金額(萬)／年	說明
薪資	240	2,880	80 名，薪資 3 萬／月。
伙食費	30	360	
保險費	15	180	
聚會及活動費	5	60	
合計	290	3,480	

④支出預測──營業費用

名稱	金額（萬）／月	金額（萬）／年	說明
營業用備品	15	180	
水、電費	150	1,800	餐廳用水、照明、空調等費用。
電話費	15	180	網路、電話費用支出。
菜單	1.5	18	
雜項支出	5	60	食材耗損、招待客戶。
合計	186.5	2,238	

接著我們再做銷售預測分析，乾杯燒肉的銷售商品營業額分配比例如下表所示：

⑤銷售預測──商品營業額分配

種類	營業額分配	說明
餐點	70%	燒肉餐廳主要販售商品為餐點，預估占總營業額的 70%。
飲料	30%	分為酒精類與非酒精類飲料，以酒精類中的啤酒為主要銷售商品，預估 30%。
合計	100%	

乾杯燒肉店主要銷售的商品為餐點與飲料，四十坪不到的店面，五十個位子，平均客人的銷售單價以六百元計算，一個座位平均一個晚上兩、三輪客人，一天只要營業六小時，每間分店每天就可以做六萬到九萬元的生意。來居酒屋消費的客人最多大約是待兩個半小時，因此一個晚上可以有三輪的翻桌率，乾杯燒肉店能精準算出客人的用餐速度，才能成功創造出黃金坪效的餐飲業傳奇。

⑥乾杯年度損益表試算

企業最重要的是財務管理要健全，在財務管理部分最重要的是要先做出損益表，從損益表中可以看到企業的營業額及基本開銷，收入減掉支出後就是淨利所得，接著我們再以乾杯燒肉年度損益表做表格分析：

乾杯日式燒肉 損益表試算 2010 年 1 月 1 日至 2010 年 12 月 31 日		
銷貨收入		
餐點銷售	$100,000,000	
飲料銷售	50,000,000	
【減】折扣及讓價	<u>600,000</u>	
收入淨額		$149,400,000
銷貨成本		
食材	$36,000,000	
飲料	3,600,000	
成本小計		$39,600,000
費用支出		
人事費用		
薪資	$28,800,000	
伙食費	3,600,000	
保險費	1,800,000	
聚會及活動費	600,000	
人事費用小計		$34,800,000
營業費用		
營業用備品	$1,800,000	
水電費	18,000,000	
電話費	1,800,000	
菜單	180,000	
雜項支出	600,000	
營業費用小計		$22,380,000
成本及費用合計		<u>$96,780,000</u>
部門淨利		<u>$52,620,000</u>

(10) 結論

　　乾杯燒肉店在 1999年 因緣際會下承接起東區巷內一家小小的居酒屋，在日籍社長平出莊司的努力下，以豪爽歡樂的乾杯氣氛，建立起獨特的燒肉店王國，平出創業成功的因素除了高品質的食品外，還擅長營造出歡樂氣氛。

　　當乾杯燒肉店愈來愈有規模時，管理階層已具有企業思維，將乾杯燒肉做企業化經營，無論是在目標市場、行銷方式、食材、特色、顧客關係、用餐目的、促銷方式、員工特色等方面，乾杯燒肉的管理階層都有計畫地做好規劃，這也是乾杯燒肉分店可以一家一家開設的原因。

　　另外值得一提的是，在分店經營上，乾杯燒肉也注意到市場區隔，針對年輕族群推出了乾杯、小乾杯及乾杯 Bar，以熱鬧歡樂的氣氛讓人留下深刻的印象。針對高消費族群推出了「老乾杯」，用頂級的肉品，搭配高品質的服務，讓金字塔頂端的消費群，願意花高單價來換取頂級食材，享受高品質的服務。

　　乾杯燒肉也注意到粉領階級的需求，針對女性族群推出「燒肉&葡萄酒 Wine de Kanpai」，針對女性族群量身訂做，除了一般的啤酒外，還有多款紅白酒可供選擇，乾杯燒肉除了豪爽氣氛外，也添加了一絲柔性氛圍。乾杯燒肉店的每家分店都要努力營造出自己的特色，卻又保留了乾杯的文化精髓，這就是其他燒肉店無法輕易取代的核心競爭力。

　　以上資料來源參考：
　　乾杯燒肉官方網站 http://www.kanpai.com.tw/
　　乾杯燒肉臉書 https://www.facebook.com/kanpai.fans
　　《商業周刊：精算「黃金翻桌率」日本人變臺灣燒肉王》，2008 年 4 月

　　附註：以上資料皆為2010年所蒐集，目前（2022年）乾杯燒肉已有16
　　　　　家分店，相關產品價格均有調漲。在此補充說明。

(二) 同心圓水晶紅豆餅——運用「四則運算」創意思考法

1. 背景介紹

　　紅豆餅又稱車輪餅，據說是傳承自日治時代的美食，這種簡單的美味默默陪伴著許多人走過半世紀，安撫過多少飢腸轆轆的腸胃，滋養了多少人的味蕾，這道平民美食是許多人共有的甜美記憶，這個從小吃到大的紅豆餅，在今日可以有哪些不一樣的新面貌？

　　說到新式紅豆餅，許多人都會想到「同心圓水晶紅豆餅」，「同心圓水晶紅豆餅」一開始是以「日式」、「水晶」、「紅豆餅」作為產品的核心精神，之後又因為要紀念夫妻同心創業克服難關，因此取名為「同心圓水晶紅豆餅」。當時的陳文發夫妻面臨了中年危機，不但生意垮臺，還負債三千萬，這對夫妻又是如何靠銅板美食還清負債，並成為媒體爭相報導的下午茶必選美食？

　　陳文發夫妻在臺北東區設了一個紅豆餅小攤位，原本只是單純為了餬口求生存，但這對夫妻憑著他們愛吃紅豆餅的熱忱，再加上陳太太的好廚藝，除了傳統紅豆、奶油口味外，還研發了許多特殊口味，同心圓水晶紅豆餅一個要價 20 元，卻還是賣到嚇嚇叫。

　　同心圓水晶紅豆餅如何突破他人已經十分有經驗的行業，成功研發出傳統臺灣小吃車輪餅的新風貌？陳文發夫妻又是如何用創新與創意，成功地採取「市場區隔」的經營方式，讓三坪大的黃金店面，帶來每年千萬商機？這得從這對中年夫妻的創業理念說起。

2. 理念

　　一個機車零件商的第二代，在中年時一切化為烏有，還要從千萬債務裡重生，陳文發夫妻一路走來都是辛酸淚，為了避免再次陷入高風險的生意危機，他們選擇了從低成本的傳統小吃再出發。

　　這對中年夫妻創立同心圓水晶紅豆餅時沒有什麼大心願，也從來沒有想過要達到什麼目標，只求踏踏實實地把每件事、每一步驟都做到盡善盡美。陳文發夫妻笑著訴說當時只想著做大不如做小、做小不如做美，以後的事就留到以後再說吧！憑著踏踏實實、勤勤懇懇，專注當下，把每一個

紅豆餅做到最好的理念，同心圓水晶紅豆餅果然異軍突起，成為臺北東區美食地圖中不容小覷的一員。

3. 公司／商品簡介

「同心圓」這一品牌指的是夫妻同心一起圓夢，老闆陳文發為了感念老婆在他最失意時，一直不離不棄地陪著他，讓他有勇氣度過難關，因而取名為「同心圓」。

「同心圓水晶紅豆餅」有別於一般傳統酥脆餅皮的紅豆餅，它的特色在於創新包了 QQ 透明皮的水晶系列餅皮，不但剛出爐時十分美味，即使放涼了吃，也別有一番風味。另外，「同心圓水晶紅豆餅」還研發了 8 種內餡的多樣化選擇，滿足愛嘗鮮的老饕客。

4. 公司商品的目標族群

「同心圓水晶紅豆餅」的消費族群有哪些呢？我們可以大致分為三大族群，分別為：都會上班族、逛街人潮、學生，依這三大族群，我們再分析其購買力、貢獻度，並做消費行為分析，之後再研擬對策，以及分析其銷售比例，表格分析如下：

	都會上班族	逛街人潮	學生
購買力	高	中	低
貢獻度	高	中	低
消費行為分析	1. 哈日風盛行 2. 下午點心習慣 3. 經濟負擔不大 4. 甜食可撫慰心靈	1. 商品取得的便利性 2. 嚐鮮（新）的心態 3. 味覺與視覺的刺激	1. 預算有限偏好便宜商品 2. 商品取得不便
對策	1. 提供外送服務 2. 大量訂購加送試吃新口味 3. 外帶盒訂做，維持商品外觀 4. 冷熱皆宜，滿足消費者需求	1. 透明貨架陳列商品，吸引消費者 2. 店面式的傳統小吃讓消費者對於傳統路邊攤的衛生考量不再 3. 商品表面標示口味，易於辨別食用 4. 搭配有機飲料銷售	1. 強調與傳統商品差異性 2. 利用口碑行銷
銷售比例	55%	35%	10%
說明	1. 強調高品質的材料製作 2. 創新口味刺激味蕾	1. 發揮三角窗（85度C）的銷售優勢 2. 以貼心服務與高品質的商品創造再次消費的意願	1. 店面設址於商圈，並非文教圈 2. 現階段捷運轉乘不需出站，所以對於學生來說，商品取得之便利性不足

5. 創意行銷思考

(1) 四則運算之思考

　　我們以「小餅闖錢關」為標題，運用 5W2H 及加減乘除創意思考法，重新思索「同心圓水晶紅豆餅」創業成功的因素，如下圖所示：

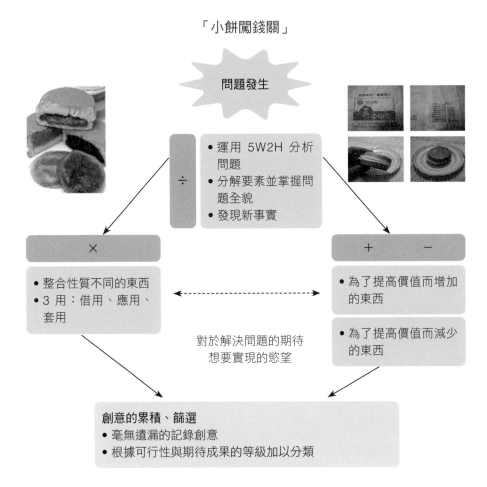

「小餅闖錢關」

問題發生

÷
- 運用 5W2H 分析問題
- 分解要素並掌握問題全貌
- 發現新事實

×
- 整合性質不同的東西
- 3 用：借用、應用、套用

＋　－
- 為了提高價值而增加的東西
- 為了提高價值而減少的東西

對於解決問題的期待
想要實現的慾望

創意的累積、篩選
- 毫無遺漏的記錄創意
- 根據可行性與期待成果的等級加以分類

(2) 以 5W2H 了解所需要面對的問題

Why＝以目的軸來劃分

　　客人為什麼要花更多的錢購買水晶紅豆餅？目的是什麼？我們以圖表將傳統紅豆餅與日式水晶紅豆餅做一個比較：

	日式水晶紅豆餅　勝出	傳統紅豆餅
口感	熱酥冷 Q	冷掉之後口感不佳
餡料	傳統紅豆、花生、芝麻、奶油、芋頭；水晶系列口味、胡椒鮪魚、蘭姆起司持續開發中	傳統紅豆、花生、芝麻、奶油、芋頭
包裝	獨特設計的外帶盒，避免商品擠壓變形	紙袋＋塑膠袋
目的	購買品質與美味，並得以完整保存食用	購買當下的美味，卻難以完整保存食用

從圖表中，我們可以明顯看到，對消費者而言，水晶紅豆餅比傳統紅豆餅更具有吸引力。

When＝以時間軸來劃分

客人都在什麼時候上門來買紅豆餅？我們的庫存量夠嗎？若要重新製作得讓客人等待多少時間？

	日式水晶紅豆餅　勝出	傳統紅豆餅
製作流程	機械生產，標準化作業與配方處理過程	手工生產，每次產出均有差異
商品陳列	透明、保溫、可提前生產，因應忽然湧現的客源	透明、透氣、無法保溫，只能即時販賣
販賣時間	11:30～20:00	14:00～18:00

從圖表中，我們可以明顯看出水晶紅豆餅店家在製作時間與品質的控制上，會比傳統紅豆餅更具高效率、高品質及高穩定性。

Where＝以空間軸來劃分

購買紅豆餅的主要客群所在地在哪裡？客人對紅豆餅店的店面配置會有什麼期待？

	日式水晶紅豆餅 勝出	傳統紅豆餅
地點	從深坑出發，經歷中興百貨，一直到成功定點復興南路的三角窗，有明確地址，消費者易於進行口碑行銷後的消費行為	大街小巷的臨時攤位，無明確地址
經營方式	定點店面式經營，仿日本燒果子店模式	無店面

從圖表中，我們可以明顯看出水晶紅豆餅不但位置好，又有店面，無論天氣好壞皆可營業，對消費者而言更具便利性和穩定性。

Who＝以人物軸來劃分

什麼樣的客人願意花更多的錢購買水晶紅豆餅？目的是什麼？我們以圖表將傳統紅豆餅與日式水晶紅豆餅做一個比較：

	勝出 日式水晶紅豆餅	傳統紅豆餅	
消費者	以都會上班族為主要消費對象，逛街路過的人次之	路過的行人，死忠的顧客	
消費金額	高	低	
顧客回流次數	固定且多次	不固定	
消費能力	高	不確定	

從圖表中，我們可以明顯看到，對消費者而言，水晶紅豆餅和傳統紅豆餅相較之下，更具有開店潛力。

What＝以功能軸來劃分

水晶紅豆餅店應該提供客人什麼服務？客人需要的產品種類與周邊商品是哪些？我們以圖表將傳統紅豆餅與日式水晶紅豆餅做一個比較：

勝出 日式水晶紅豆餅	傳統紅豆餅
材料	選擇食材上，全部走五星級烘焙坊的等級，如起司就是選用法國點心用在 Cheese Cake 的 Cheese，不是一般的等級	一般市售材料
外觀	大於一般車輪餅，不同口味均餅皮標示，並附上標示說明小卡	所有口味均相同，未能清楚辨識不同口味
商品內容	多樣化，推陳出新	固定
企業 CSR 觀念	提供換零錢、問路服務以及免費提供等車座椅	無
搭配周邊商品	有機飲料販售	無

從圖表中，我們可以明顯看到，對消費者而言，水晶紅豆餅經營者若要與傳統紅豆餅店家競爭，是更具有勝算的。

How＝以方法軸來劃分

客人會喜歡什麼樣的口味？一般傳統口味都是用什麼方式做的？一個具有競爭力的紅豆餅如何符合現代人的優質與健康訴求？我們以圖表將傳統紅豆餅與日式水晶紅豆餅做一個比較：

	日式水晶紅豆餅 勝出	傳統紅豆餅
餅皮	麵糊皮變蛋糕皮，使餅皮可以達到熱酥冷 Q 的口感	奶蛋調和麵糊，冷掉軟塌，口感不佳
餡料	傳統紅豆、花生、芝麻、奶油、芋頭，還有胡椒鮪魚、蘭姆起司，甚至創新日本大阪燒取經改良製作的水晶紅豆餡，營造出類似麻糬的 QQ 口感	傳統紅豆、花生、芝麻、奶油、芋頭
市場定位	逛街或上班族的下午茶或公司行號開會點心用	點心

從圖表中，我們可以明顯看到對消費者而言，水晶紅豆餅無論賣相、內餡或是在口味變化上，與傳統紅豆餅比較後，更能挑動消費者的味蕾。

How much＝以經濟軸來劃分

客人在購買紅豆餅時，願意付多少錢？會想把預算控制在多少錢以下？我們從下圖可以看到水晶紅豆餅的定價定在 20 元左右，而且還有多種口味已售完的公告，20 元的定價應該是顧客可接受的範圍。

(3) 用加減乘除法進行創意思考運用

①進行除法

■ 注意到的原有狀況：

傳統紅豆餅的餅皮冷掉之後口感不佳，這是需要再做改良的部分。另

外，傳統紅豆餅口味變化較少，也需要再研發新口味，以持續讓消費者保有新鮮感。

　　■ 新思維

　　「同心圓水晶紅豆餅」改良了傳統餅皮的缺點，把傳統美食大變身後，成為具有獨特風味的改良式洋果子，不但增加口感層次，外表還更具賣相。另外，「同心圓水晶紅豆餅」從傳統的小攤販經營模式做了大進化，改成店鋪式經營，並結合多元化的服務，進行現代化企業經營與行銷管理，因而創造出巨大利潤。

②進行加法

　　■ 優點大結合

　　「同心圓水晶紅豆餅」創辦人陳文發夫妻親自拜師學習，學習優質紅豆餅的作法，並結識同好，一起切磋研究糕點製作技術，並結合日本燒果子與傳統臺灣車輪餅的優點，才能進行傳統紅豆餅改造，變身為口感絕佳的水晶紅豆餅。

　　■ 生產管理大結合

　　「同心圓水晶紅豆餅」藉由生產標準化，以及製作與銷售動線透明化與流水線化的方式，進行簡易又有效率的生產管理。

　　■ 客製化服務大結合

　　「同心圓水晶紅豆餅」還提供了外送服務，只要消費者的訂單達到一定的訂購量，即可享有免費贈送試吃與送貨到公司的客製化服務。

③進行減法

　　■ 減低顧客購買時的麻煩

　　「同心圓水晶紅豆餅」超越了傳統路邊攤的車輪餅概念，進行了店面式經營，不但減低了顧客購買時產生的不便，諸如天候不佳無法營業等因素，更符合了現代人講求購買商品的高品質，同時也大幅度提升了對於環境衛生的要求。

④進行乘法

　　所謂的「乘法」就是要「結合」和目前內容與服務「不同」的世界。「同心圓水晶紅豆餅」可以結合下午茶的概念，以咖啡或其他生機飲料來做搭配，除了方便顧客可以進行一次性購物需求外，還可以增加營業額。另外，一般顧客都認為紅豆餅是下午的點心，而「同心圓水晶紅豆餅」已有店鋪模式，可以好好利用其他時段來開發其他餐點的銷售，例如：販售早餐，若能充分利用店面閒置時間，即可以創造出更高的利潤。

　　另外，「同心圓水晶紅豆餅」還可以加入企業社會責任 (Corporate Social Responsibility, CSR) 的概念，不只能提升企業品牌形象，在做社會公益的同時，無形中也提升了潛在消費者對「同心圓水晶紅豆餅」有好的印象。例如：在「同心圓水晶紅豆餅」店提供免費找換零錢，以及問路服務，或是在店門前面的公車站牌邊提供免費等車座椅，都是一種另類廣告，在提供顧客便利與服務時，也拉近了與顧客間的距離。

6. 結論

　　「同心圓水晶紅豆餅」店能創業成功有諸多因素，其中，我們看到了三個主要的創新因素：

(1) 創新 1——地點的選定

　　一般人對紅豆餅的印象，就是路邊親切的小點心，雖然便宜又好吃，但卻很難讓消費者感受到是精緻的食品。陳文發的「同心圓水晶紅豆餅」，打破了紅豆餅給人的傳統印象，將店面開設在臺北市東區人潮洶湧的三角窗，呈現出精緻點心設計，當然價格也比一般市面上的紅豆餅價格高，但卻能開創出絕佳商機，常常可以看到排隊的人潮。

(2) 創新 2——改良傳統產品

　　「同心圓水晶紅豆餅」的老闆陳文發是因為中年時生意垮臺，想翻口、求生存，才重新創業，而中年後有一番歷練的他明白，雖然是要翻口的小生意，也要有一套嚴謹的創業計畫，才能在這古老傳統的行業裡，占有一席之地，所以從產品定位到食材選定等，採取了改良傳統紅豆餅的「市場區隔」作法，沒想到不只突圍成功，還創造出紅豆餅界的奇蹟。

(3) 創新 3──主打中高消費群

　　一開始「同心圓水晶紅豆餅」先鎖定的客層是都會上班族，採取了精緻點心路線，以店面式經營的模式，與傳統式的攤販銷售族群做出區隔。如今水晶紅豆餅已做出好口碑，這個店面已擴展到三坪，也不賣早餐了，專做紅豆餅，還增加了美麗的包裝盒，讓水晶紅豆餅的質感大幅提升，附近經常有公司行號購買整盒包裝，做成下午茶或開會點心，「同心圓水晶紅豆餅」的營業額也擴增到每個月近百萬元的佳績，不但成為陳文發事業第二春，還寫下了紅豆餅界的一頁傳奇故事。

　　　　附註：以上資料為2016年所蒐集，目前（2022年）同心圓水晶紅豆餅
　　　　　　　定價在25元左右，還研發到達11種左右的多樣化口味。

(三) 愛拼公司 (AP Co., Ltd)──運用「4P、五力、SWOT、STP」創意思考法

　　此章節第一部分的背景介紹是真實案例，之後的創意企劃力與執行力，是 2010 年學生選修這門課時，根據各方資料蒐集後，加入自己的模擬、判斷後所寫出來的創意思考與企劃力、執行力之期末報告。

1. 背景介紹

(1) 臺灣公司成立

　　愛拼股份有限公司目前生產的塑膠拼圖有賀卡、月曆，以及各種特殊造型，由臺灣出品，在臺灣各地區設有專賣店，並在中國設廠，已申請專利權，有計畫地將立體拼圖行銷到全世界。

(2) 行銷到大馬市場

　　2013 年時，來自大馬的拼圖高手，30 歲出頭的鄧偉倫，在一次偶然間到中國廣州的旅行，意外發現由臺灣出品的塑膠拼圖，這拼圖超越了傳統拼法，竟然可以拼出特殊的立體形狀，讓愛追求新鮮與高難度的鄧偉倫如獲至寶，思考著如何將它們引進大馬，於是決定向臺灣廠商取貨，並在吉隆坡購物商場擺攤售賣，女友則成了他的得力助手，主要協助他向臺灣廠家選訂新貨和補貨。

　　鄧偉倫擁有資訊科技專業文憑，又經營精品店生意，除了為顧客設計和印製禮品外，現在還添加了硬度高的塑膠 3D 立體拼圖，不但可砌成如花瓶、屏風、球形等立體物件，還可以做客製化服務，把自己的照片，或自己拍攝的風景照印上去，這種服務吸引了廣大消費者的喜愛。由臺灣愛拼股份有限公司所生產的立體拼圖在與鄧偉倫這次美麗的邂逅後，成功行銷到馬來西亞、新加坡市場，也讓愛拼股份公司有更大的信心行銷全世界。

圖片來源：學生上課時報告作業

以上資料來源參考：

〈引進 3D 塑膠拼圖・愛拼才會贏〉（馬來西亞光明日報／副刊・報導：黃碧絲），2013 年 7 月 26 日

2. 公司經營計畫（短期計畫→中期計畫→長期計畫）

(1) 短期計畫（1～2 年）

公司成立初期，首先必須強化公司內部標準化管理流程，確實掌握公司的管銷成本，每個月的所有支出明細都要做好帳務記錄與管理。在新進員工方面，每位基層員工都要經過公司內部的專業訓練。另外，公司的合作廠商中包含上游、下游及相關業務往來的共有 10 家廠商，預估每月的營業業績要達到 200 萬臺幣。

(2) 中期計畫（3～4 年）

公司在創業初期已經完成標準化生產管理流程，對員工訓練也有了專業模式，合作廠商也達到一定規模，接下來要進入中期計畫。

中期計畫預計在 3～4 年裡，研發部門要繼續創造出專屬公司的新產品，成為顧客禮品的新選擇，並且搭配週邊商品做促銷活動。之後，公司的目標是建立顧客售後服務中心，全省共有 20 個據點來解決消費者的相關疑問。最後，為了積極建立公司的良好形象，將提撥 200 萬元盈餘贊助相關的公益活動，以吸引更多消費者，不但要培養出顧客的品牌忠誠，更要提高公司的知名度。

(3) 長期計畫（5 年以上）

公司在中期目標已經建構出新商品的研發計畫，並藉由成立顧客服務中心，建立起顧客對本公司的品牌忠誠度，並提撥盈餘贊助公益活動，建立起公司的形象與知名度。

接下來就要進入長期計畫，公司預計五年後要將產品行銷到全世界，亞洲、美洲和歐洲共要建立起 15 個據點，澳洲和非洲也要完成 10 個據點，每個據點的每月營業額至少 1,000 萬元。之後，公司預計在 2018 年的 5 月要將公司上櫃，2020 年 8 月預計股票要上市。

在企業管理領域有句名言「No Measurement, No Management！」意思是說所有的計畫都應該數據化，沒有衡量就沒有管理。因此，我們將以上的計畫做表格呈現，如下圖：

	1～2 年	3～4 年	5 年以上
營業計畫	1.營運效能 2.縮短作業流程 3.折扣吸引客戶	4.擴大業務範圍 5.擴大海外市場 6.加強客戶管理	7.設立網路客服部門 8.深耕品牌行銷 9.設立海外據點
設備計畫	1.減少耗損 2.設備初步建置	3.引進新式設備 4.加強軟硬體	5.擴充設備 6.汰舊換新 7.建置物流設備
資金計畫	1.放緩擴充速度 2.運用資金 3.國內資金募集	4.避免單一投資 5.最有效運用 6.全球資金募集	7.準備上櫃 8.投入研發設計
人員計畫	1.人員培訓計畫 2.加強管理能力 3.訂定職場守則	4.加強人員效能 5.招募人才 6.員工福利	7.招募海外人才 8.擴充組織人力 9.提升組織管理
收支計畫	1.減少開銷 2.避免過多負債 3.財務加以規劃	4.與各銀行往來 5.公司獲益大增 6.人事預算增加	7.獲益持續成長 8.增加現金流量 9.減少負債比

4. 公司經營策略 Strategy──市場分析（美國、中國、南韓）

(1) 美國

　　■ 市場分析：美國目前年均收入名列世界前茅，而且城市人口比率也相當高，最重要的是美國在 1980 和 90 年代曾舉辦了由拼圖製造商資助的拼圖錦標賽，從這個訊息中，我們可以知道美國具有相當大的潛在市場。

　　■ 公司策略：針對美國人口眾多，我們公司可以在這個市場中推出較多元的產品，並以 3D 立體球型拼圖為主。

 美國 ─────────────────────

Political

美國是英美法系，非常維護公民自由，包括言論、宗教信仰和出版的自由，我們產品出口到美國，必須遵守每一州的相關法規。

Economic

美國是世界名列前茅的經濟中心，居民的平均收入也相當可觀，這對於我們的產品進入很有幫助，收入多，相對的對於娛樂方面支出也就會愈多。

Social

美國是最重要的教育樞紐，吸引世界各地的留學生前往，我們的產品不但可以提供學生智力訓練，也可以藉由留學生的喜愛而提高知名度。

Technological

美國在科學和技術研究以及技術產品創新方面都是最具影響力的國家之一，我們公司可以藉由進攻美國市場而學習到產業相關技能。

(2) 中國

　　■ 市場分析：中國目前仍然是世界上發展速度最快的經濟體，生產總值目前位居全球第二，中國的進口貿易總額非常可觀，因此可作為本公司的重要行銷目標市場。

　　■ 公司策略：針對中國目前正處於經濟起飛階段，本公司推出兩面都印有圖案的雙面拼圖商品，可任意使用一面來完成圖案拼組，不但增加機

智程度，也能吸引拼圖高手來挑戰。

中國

Political

中國的政治體系為中國特色的社會主義，實行人民民主專政，目前兩岸關係還是緊張，所以進攻此市場時，必須特別注意相關問題。

Economic

中國是世界上發展速度最快的經濟體，但相對的居民貧富差距相當大，所以我們產品的定價在不同的地區要特別注意。

Social

中國社會重視家庭、血緣關係和人際關係，由於一胎化，男性較多，我們可以多設計一些男性化的商品。

Technological

中國在科學研究方面有許多的成就，我們可以學習當地的技術，再結合我們的產品，研發出更具特色的商品。

(3) 南韓

　　■ 市場分析：韓國在歷經金融危機改革之後，經濟力明顯改善許多，大部分的中小企業，現在財務結構和營業獲利都達到水準以上，也因為韓國大品牌發展成功，因此在國際上有足夠的市場競爭力。

　　■ 公司策略：本公司針對韓國人的民族意識強烈特質，推出知名韓國特色景物拼圖模型，以當地建築物為主，具有濃濃韓國風情。

南韓 ─────────────────────

Political	Economic
南韓現在已經成功發展為自由民主制，因此我們現在進入市場比較沒有障礙，但由於居民愛國意識強烈，所以必須要符合人民口味。	南韓的經濟一直是由數個財閥家族所壟斷，出口的成長率相當高，因此我們的產品必須要有特色，才可以成功打入市場。
Social	Technological
南韓長期以來所得投入教育的比例相當高，我們的產品可以與當地教育做結合，研發出適合學生的智力遊戲。	南韓是世界上網路通訊最發達的國家之一，我們可以藉由網路的功能來打響我們的知名度，也可以發展出數位化商品。

5. 4P 分析（產品、價格、通路、推廣）

(1) 產品 (Product)

　　訴求：本公司除了傳統的平面拼圖外，還研發出不同種類的球形拼圖、立體拼圖以及拼圖盒子，可以滿足各種消費者的需求。

　　特色：本公司在拼圖的設計和製作上使用了雷射和水壓切割法，藉由高科技技術的使用，讓拼圖的互鎖機制和零片款式變得更精巧，可以製造出新奇花樣，吸引各類拼圖高手的注意。

(2) 價格 (Price)

　　本公司產品設計精美，附加價值相對也提高了，因此本公司參考其他相關拼圖公司的訂價策略後，將產品價格訂定於中高價位的區間內。

　　本公司亦針對訂購額度較高的客戶提供高折扣價格，其折扣範圍約在8%～15% 之間。

(3) 通路 (Place)

　　本公司計畫與國外文具進口批發商進行長期合作，並設立專屬網路平臺，讓消費者不用出門，也可以隨時隨地在網路上選購商品。藉由產品通路的多元化拓點，希望本公司產品銷售量可以快速成長。

(4) 推廣 (Promotion)

　　本公司計畫每個月提撥 5% 營業額，作為公司的國際行銷廣告費用，期許業績可以在新的計畫年度裡增加兩成。

　　另外，本公司計畫每年關於公司的相關訊息，至少要有 10 次刊登在國外相關報章雜誌上，其中要有 2 次登上全球版面，以增加品牌知名度。

　　除此之外，本公司計畫一年內至少要贊助國際性的拼圖相關賽事一次，每次花費額度為 200 萬元，讓消費者可以對公司品牌產生好的印象。

　　最後，本公司會藉由每年度參加國際展覽，讓更多國際消費者認識公司品牌及相關產品。

6. 五力分析

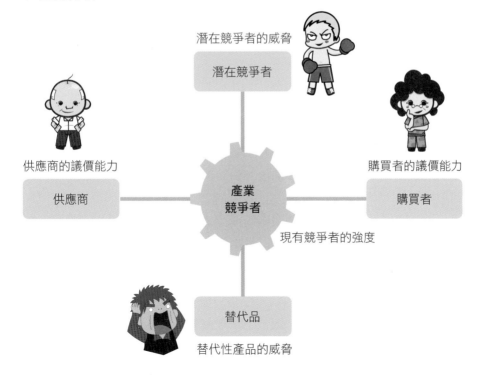

(1) 現有競爭者的強度分析

　　臺灣的拼圖公司不算多，而本公司的主要競爭者是外國公司——「雷諾瓦拼圖公司」，此公司的產品技術成熟，而且行銷策略完整，再搭配拼圖商品的其他周邊產品做促銷，顧客的滿意度也很高。

因應策略：

　　本公司計畫與日本廠商進行策略聯盟，引進最新技術，以最高品質與較低價格的策略，設立網路售後服務中心，解決消費者的問題，以提高市占率。

(2) 潛在競爭者的威脅

　　目前全球的拼圖市場雖然小，卻可以預估未來會有愈來愈多商機出現，應該會引起很多新興企業進入此市場角逐。另外，由於拼圖市場具有商品多元化的特性，也可能會吸引許多企業以企業聯盟的方式進入市場。根據以上兩因素，可知拼圖市場的潛在競爭者問題不容小覷。

因應策略：

　　對潛在競爭者的威脅，本公司認為必須先有效掌控公司本身的營運成本，健全公司自身體質，才能增加獲利率。另外，本公司認為應該要在顧客關係上，增加經營強度，採取顧客至上的銷售策略，在潛在競爭者還沒進入前，就要讓消費者對本公司的產品有強烈信心，讓消費者建構起品牌忠誠度。

(3) 供應商的議價能力

　　供應商所能提供給本公司的需求並不多，而且所給的價位幾乎都無法變更，缺少彈性，經過整體評估後，對於本公司而言是不利的。

因應策略：

　　本公司必須持續且積極地與廠商進行議價，本公司擬採取跟供應商簽訂長期合作契約的方式，希望能以量制價，以更多的進貨產品數，來降低進貨價格。

(4) 購買者的議價能力

　　現在的消費者因為資訊來源多，顧客會拿本公司的產品和價格，與其

他相似商品做多方比較,消費者一旦對產品的熟悉程度較高,或購買的數量較高,議價能力也會相對提高。

因應策略:

　　本公司除了在商品的品質,以及定價策略上會更嚴謹外,也會先從第一線的門市銷售人員開始訓練,不讓消費者輕易壓低本公司商品的定價,卻又讓消費者對本公司商品愛不釋手,可以接受以較高價格購買。

(5) 替代品的威脅

　　現在科技日新月異,很多的遊戲都數位化了,拼圖遊戲也是如此,很多消費者會選擇以下載遊戲的方式,取代實體拼圖,使得拼圖市場漸漸縮小。

因應策略:

　　本公司將主要產品放在 3D 立體拼圖上,讓消費者體驗在拼圖組合過程中的獨特樂趣,是數位遊戲無法比擬的,本公司的拼圖產品具有完全不同的價值。

7. SWOT 分析

(1) 優勢 (Strengths)

　　仔細評估拼圖市場後,本公司在業界具有一定的優勢基礎,其優勢層

面包含：本公司具備了積極研發新產品、添加最新技術的能力，並能提供低價且品質精緻的拼圖產品。

優勢的保持：

雖然現今物價不斷上漲，不過本公司會採取低價多量的策略來減低成本，並運用最新的技術來研發、創造出符合消費者需求的拼圖。

(2) 劣勢 (Weaknesses)

評估整體拼圖市場後，本公司仍然有處於劣勢的部分，包含：研發技術尚未進入完全成熟狀態、廣告與行銷成本逐年提高，造成了公司營運成本的增加。

劣勢的改善：

經過整體評估後，本公司研擬出改善劣勢的方法，包含：利用寄郵件、網路行銷、臉書粉絲團的方式來降低廣告與行銷成本，並提高公司知名度。在技術提升上，本公司計畫與日本廠商合作，希望能引進更成熟的研發技術，改善產品的品質。

(3) 機會 (Opportunities)

衡量過優勢、劣勢後，我們認為本公司在拼圖市場的發展還是大有機會的，其中包含：本公司的產品延伸性大，而且還有很多拼圖市場尚未開發，本公司的拼圖商品還可以結合教育課程做系列行銷。

機會的把握：

本公司認為若能將拼圖產品與教育機構合作，設計出一系列符合學生的週邊商品，來幫助學生做多元化學習，這對於將本公司拼圖打入未開發市場是大有幫助的。

(4) 威脅 (Threats)

雖然本公司要進入拼圖市場具有優勢與機會，但來自外界的威脅也不容輕忽，本公司認為具有威脅性的部分包含：現今網路遊戲盛行，會瓜分拼圖市場；另外，拼圖同業（競爭者）的技術也愈益成熟。這些威脅會造成本公司的國內外市場相對變小，這是本公司不得不面對的挑戰。

威脅的解決：

對於來自市場的威脅，本公司的因應對策包含：引進國外先進技術，研發吸引御宅族的客製化商品，並藉由網路傳播到全世界，以吸引拼圖愛好者關注本公司的相關產品。

　　經過了以上的 SWOT 分析後，我們繪製成了 SWOT 交叉分析，如下圖所示：

	機會 O	威脅 T
優勢 S	**增長性戰略 (SO)** 以低價又精緻的商品打入未開發市場，產品延伸至文具或家具上，加入成熟技術與配合教育，研發學校教材。	**多種經營戰略 (ST)** 引進最新技術並結合公司的創意，發展出獨特的研究團隊，與網路遊戲合作，研發出吸引御宅族的產品。
劣勢 W	**扭轉型戰略 (WO)** 行銷到低開發市場，以減少行銷成本，增加知名度，僱用當地低廉勞工，減少人事成本。	**防禦型戰略 (WT)** 製作成本相對較低的廣告宣傳，區隔競爭者的產品，發展出有特色的公司品牌，增加忠誠度。

8. STP 分析

　　所謂的 STP 分析包含：S (Segmentation) 區隔、T (Targeting) 目標、P (Positioning) 定位，也就是企業本身要對自己的產品具有清楚的了解，更要知道市場的動態，最後要研擬出一套可用策略，知道自身商品要如何在市場中找到切入點。

(1) 市場區隔

　　商品進入市場前，首先要做好市場區隔，知道自身產品的潛在客戶在哪裡，才能知道產品的行銷對象在哪裡，該用什麼方式行銷，如此一來才能把行銷支出成本運用在最有效益的地方，並產生出最大效果，下圖就是本公司在做市場區隔時所考量的因素，最後本公司決定目標市場設在人口

密集、小量購買的區域。

區隔 Segmentation

地理變數	人口密度	主要在人口密集的地區。
人口變數	年齡	分為幼兒、兒童、成人及專家。
	所得	主要是家庭所得較高的族群。
心理變數	人格特質	腦力激盪、有耐心。
	生活型態	喜歡安靜的生活，對拼圖有興趣。
行為變數	追求利益	可以提升智力、培養耐心。
	使用率	主要是以小量購買的區域為主。
	反應層級	有興趣、有意願購買的市場。

(2) 目標市場

　　本公司的主要產品為立體拼圖，適合學生在學習時，作為輔助教材使用，或是一般消費者在休閒娛樂時，作為娛樂商品使用，當然，本公司的立體拼圖圖案具有藝術品特質，也符合進入藝術市場的條件。根據以上分析，本公司採取差異化行銷策略，針對此三大族群作為主要行銷對象。

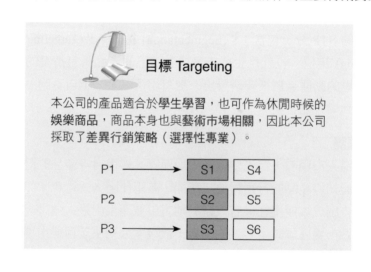

目標 Targeting

本公司的產品適合於**學生學習**，也可作為休閒時候的**娛樂商品**，商品本身也與藝術市場相關，因此本公司採取了差異行銷策略（選擇性專業）。

P1 ⟶ S1　S4
P2 ⟶ S2　S5
P3 ⟶ S3　S6

(3) 定位

本公司對自身出產的立體拼圖產品該如何做定位呢？我們衡量了三個面向來為公司的產品做出定位，包含：利益用途、品牌個性、使用者。本公司的產品定位重點如下圖所示：

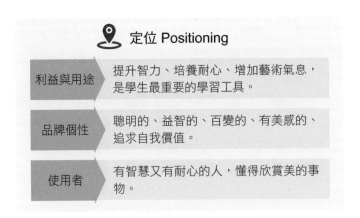

定位 Positioning

利益與用途	提升智力、培養耐心、增加藝術氣息，是學生最重要的學習工具。
品牌個性	聰明的、益智的、百變的、有美感的、追求自我價值。
使用者	有智慧又有耐心的人，懂得欣賞美的事物。

9. 結論

本個案第一部分為公司的背景介紹，包含愛拼股份有限公司臺灣公司的創立、意外行銷到大馬市場的經過。第二部分是學生根據第一部分的資料，替愛拼股份有限公司做出一份創意經營計畫書，分別有：短期計畫、中期計畫、長期計畫。第三到第八部分為：公司經營策略分析、4P 分析（產品、價格、通路、推廣）、五力分析、SWOT 分析、STP 分析。

創意企劃書必須要廣泛蒐集個案公司的相關資料後，依據具體實際的狀態做思考，再運用創意與想像力，為公司未來做一個規劃，不能只是憑空想像，只會空中畫樓閣是行不通的，當然，若只著重實際層面的現況分析，對未來沒有創意，也少了想像力，公司的未來也無法有開拓性。一份好的創意企劃書要實際層面與創意想像力兩者兼備，才有執行的可能！

三、企劃書得獎作品——從創新力、企劃力到執行力

(一) 優良企劃書的內涵

　　什麼是一份好的企劃書？它必須包含：創新力、企劃力及執行力，這三者間密切相關。如何把蒐集到的、一般性的資料做一個特別方式的呈現，涉及到的是創新力與企劃力，但是資料不能只是呈現而已，既然名之為企劃書，就得通過是否具有可執行性這個關卡的考驗。在此單元中，我們將之前所學到的創意思考方式做一個整理，讓創意思考術不只是一個有趣的技術而已，而是能在寫企劃書時發揮一定的功效，如何將創意思考術與企業行銷企劃書做結合，我們可以從下面圖表來說明：

創新力 → 企劃力 → 執行力

曼陀羅思考法		曼陀羅思考法
心智繪圖法		結合盈利經營
加減乘除法		加減乘除法思考法
TRIZ 技法		結合知己知彼
類比法		類比法思考法
KJ 法		結合永續經營

(二) 創意企劃書比賽得獎作品

1. 評分方式

創新獎評分方式

2014.07.07

※在此針對社務創新、製造科技類、服務行銷（含財金）類比賽的評分方式建議如下：

1. 書審－75%

　1) 文章寫作適配性與易讀性（是否文不對題、不易理解與錯字連篇）：占 15%

　　a. 文章表述能力很強：10～15 分

　　b. 文章表述能力尚可：5～10 分

　　c. 文章表述能力稍弱：0～5 分

　2) 創新程度：占 35%

　　a. 具原創性（也就是其他地方沒看過類似概念而且差異很大）：30～35 分

　　b. 具原創性，但是差異不大：25～30 分

　　c. 具應用性創新（別的領域有類似概念而拿來應用，包括融合型創新），但是差異很高：15～25 分

　　d. 具應用性創新，但是差異度不大：10～15 分

　　e. 不具創新性，只是事業規模擴展或既有模式的複製與些微改變：0～10 分

　3) 創新價值（含可行性）：占 25%

　　a. 所創造整體價值很高且具有獨占性或是長遠性：20～25 分

　　b. 所創造整體價值很高，但是不具獨占性或是長遠性：15～20 分

　　c. 所創造整體價值尚可：10～15 分

　　d. 所創造整體價值不明顯：5～10 分

　　e. 所創造整體價值幾乎沒有：0～5 分

2. 發表－25%

　1) 內容易懂性：占 10%

　　a. 簡報內容簡要且淺顯易懂：5～10 分

　　b. 簡報內容不夠精要：0～5 分

　2) 臨場回答切題性：占 15%

　　a. 臨場表現，可圈可點，掌握主題精髓：10～15 分

　　b. 臨場說明，可加強主題印象：5～10 分

　　c. 臨場說明，不偏離本題：0～5 分

2. 創新作品參賽祕笈

(1) 文稿

① 經驗是良師：多觀摩研讀得獎作品，吸取優點特色。

② 取個好名一定贏：名字與「時尚」、「環保綠能」、「績效」相關，就會達到吸睛的效果。

③ 吸引動心的標題：從標題的字裡行間，簡單扼要的表達出主題。

④ 配合比賽要求的規格：勿畫蛇添足，會影響評分。

⑤ 圖片圖表優於文字：加深印象，一目了然。

⑥ 量化數字化：較有說服力。

⑦ 歷史的軌跡：前後比較，成效分析，著重創新改進的優勢。

⑧ 標出重點：利用不同字體或顏色做區分。

⑨ 言簡意賅：用詞精簡，避免贅詞及重複語句。

(2) PowerPoint 製作

① 配合發表時間決定製作的張數。

② 利用主標題搭配圖片報表。

③ 底色柔和、文字醒目、但勿刺眼。

④ 每張空間排版清晰適度，字數勿太過擁擠，要留空白。

⑤ 強調創新的要點成效。

⑥ 用詞生動有力，才會吸引大家的注意。

(3) 上臺發表

① 問候用語：先簡單介紹自己，再禮貌稱呼與會者，做一個漂亮的開頭，最後再加上一個有力的結尾。

② 多次演練：從不斷的練習中，讓自己態度從容自信，以真誠投入的心、自然微笑的表情上臺發表。

③ 過程流暢：除了咬字清晰外，音量大小要適中，讓聆聽者能快速掌握到重點，並切記要精準的做好時間掌控。

④ 服裝打扮：端莊大方的正式襯衫，或展現個人魅力特色的裝扮都是可行的。

⑤ 加深印象：除了展示海報外，還可攜帶相關的商品、實物、道具做輔助說明，如果能以小禮物和臺下做互動，就能使人留下深刻印象。

3. 得獎作品介紹

作品 1　Homepoulet 烘布蕾法式時尚經典料理

(1) 緣由

位居員林的「Homepoulet 烘布蕾法式時尚經典料理」以法式料理聞名，在法式料理界享有極高的名氣，而其創業緣起於 2000 年時，一趟法

國探望妹妹之旅，當時旅法妹妹帶著大家一起去品嘗法式美食，沒想到老肉鋪的烤雞一舉擄獲了全家人的味蕾，也溫暖了彼此的心！姐妹倆經過了十萬里飛行，來到普羅旺斯尋找製作法式烤雞的香草原料，最後在法國註冊了Homepoulet香草授權亞洲經銷，正統法式烤雞Homepoulet誕生了，姊妹倆的法式烤雞創業之路由此開啟。

圖片取自網路：烘布蕾法式烤雞主題餐廳官方網站 http://www.homepoulet.com.tw/

(2) 開店動機與目的

　　烘布蕾法式烤雞主題餐廳老闆娘擁有二十多年的雞肉料理經驗，又因為對食材品質要求嚴苛，希望以健康食材、健康調理，讓大家都能享受美食又能健康，並藉由主食材「雞」作為創意發想，想結合家庭概念，以母雞帶小雞的溫馨可愛感，營造出家族溫馨聚餐的概念及優雅舒適的用餐環境，希望能吸引女性族群注意，讓「烘布蕾法式烤雞主題餐廳」成為家庭聚餐的首選。

(3) 「烘布蕾法式烤雞主題餐廳」營運分析

　　我們將以優勢、劣勢、機會與威脅四個方面來為「烘布蕾法式烤雞主題餐廳」做營運分析，如下圖所示：

優勢 Strengths

S1. 食材擁有高品質
S2. 豐富的產業經驗
S3. 獨特的烹調方式
S4. 品牌設計符合法式風情
S5. 商品價格較一般法式料理餐廳
　　平價

機會 Opportunities

O1. 同性質餐廳的競爭者較少
O2. 法式料理漸漸受到國人接受
O3. 健康、樂活的飲食觀念
O4. 外食人口增加
O5. 國人對流行資訊接受度高

劣勢 Weaknesses

W1. 新品牌成立，知名度低
W2. 法、臺飲食文化差異
W3. 消費者對法式烤雞知識不足

威脅 Threats

T1. 連鎖餐飲品牌眾多
T2. 產業進入障礙低的觀念誤導
T3. 速食餐飲店也加入競爭行列

(4) USED 分析

　　接著，我們再做 USED 分析，包含：USED 技巧介紹、運用 USED 技法創意導入「烘布蕾法式烤雞主題餐廳」後，看看是否能在經營及行銷上帶來一些啟示。

①USED 技巧

　　■ 如何善用 (Use) →優勢 (Strengths)
　　■ 如何停止 (Stop) →劣勢 (Weaknesses)
　　■ 如何成就 (Exploit) →機會 (Opportunities)
　　■ 如何抵禦 (Defend) →威脅 (Threats)

②運用 USED 技法創意導入

　　■ 加強服務教育訓練
　　■ 介紹法國飲食（幫客人做切雞服務時與客人互動，並介紹法國飲食及風俗）

- 客製化百匯服務（含百匯外送服務）
- 增加下午茶時段
- 建立 Facebook 社群互動、媒體專訪曝光
- 異業結盟（公司、學校、信用卡公司、網站社群）

以下以圖表分析說明：

導入前	創意內容	導入後
一般問候語客人無法感受與其他業者差異處	加強服務教育訓練（加強招呼問候語）	Bonjour! Homepoulet! 法式問候語讓客人有新鮮感，易於引起話題
無感於法式飲食的慢食	法式飲食文化介紹	介紹法式餐飲注重慢食、原味、精製及各地區不同的特色菜
空班休息	下午茶	時段營收增加約 25%
單調內容，無法引起廣泛迴響互動	Facebook 經營	由專業網路人員操作與網友互動與連結宣傳，業績成長約 30%
無	客製化百匯外匯	歐式客製百匯異於坊間之菜色、歐式餐點、婚宴、畢業季、慶生、尾牙宴
客源較少	異業結盟	員林區的正新公司、美利達、建大公司、員生醫院等等企業皆為合作商家

(5) 創意再精進——「四則運算」之思考架構

　　「烘布蕾法式烤雞主題餐廳」如何以「四則運算」之思考架構再做創意發想呢？首先，我們先以圖表說明：

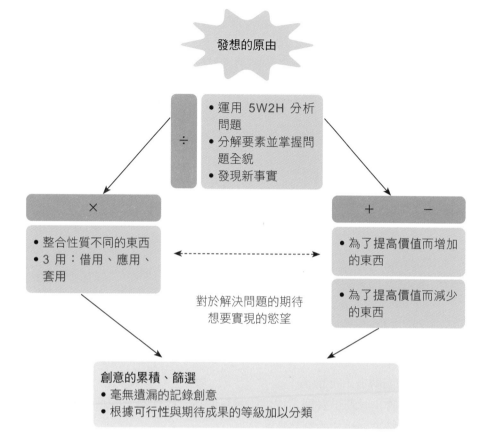

接著，我們再以 5W2H 配合四則運算（加減乘除法）來為「烘布蕾法式烤雞主題餐廳」做創意發想：

① (÷) 運用 5W2H 進行可行性思考

Why
■ 為什麼想要建立烤雞餐廳？
■ 消費者為何要選擇 Homepoulet？

When
■ 時代進步，用餐時間改變？
■ 家人選擇在重大的日子聚餐？

Where
■ 停車便利更勝於人潮地段？
■ 能提升用餐品質的環境？

Who
■ 適合的消費族群？

What
■ 除了用餐，還可以提供哪些服務？
■ 主要傳達給消費者的概念是什麼？
■ 運用口耳相傳的行銷方式。
■ 提供顧問式的銷售與服務。

How much
■ 目前的經濟環境，消費者的負擔能力如何？
■ 重視品質更甚於價格，不只是有所值，而是「物超所值」！

② (＋) 增加消費者附加價值
　　■ 有別於一般親子餐廳，提供的是幫助孩子成長的「閱讀區」，使餐
　　　廳仍能維持法式的高品質。
　　■ 分段提供對應的餐點，滿足不同時段用餐需求的客人。

③ (－) 減少浪費，將成本回饋到顧客身上
　　■ 力行環保節能，白天減量打燈。（廁所隨手關燈，但不影響用餐品
　　　質）
　　■ 鼓勵消費者適量點餐，不造成食物浪費。

④ (×) 優惠折扣
　　■ 與公司、團體、學校合作，提升消費者獲得折扣的機會。
　　■ 利用網路行銷，同時提供消費者「食」的知識。

(6) 營運三部曲

短期計畫 2014～2015	中期計畫 2016～2017	長期計畫 2018～2019
旗艦店訓練團隊人員 15 人	以合作方式 拓展分店 5 家	進行連鎖體系

(7) 結論

　　品牌精神──心在哪，家就在哪。「起ㄍㄧㄝ了！（家＝home）」

　　起ㄍㄧㄝ（雞＝poule）了！就像小時候，阿嬤在年夜飯時為所有家人挾第一道菜時所說的祝福詞，姊妹倆正把這一份對家的祝福、分享與愛延續下去！Homepoulet 實現最真實的美食與溫暖的家人之愛。

作品 2　富雨洋傘

　　富雨洋傘在 2013 年參加 IMC（國際工商經營研究社）全國創新競賽，榮獲首獎的肯定，此一獎項代表著近年來富雨洋傘不論是在品牌經營、產品品質改良與創新上都有傑出的表現，下文我們就來分享富雨洋傘這一段精采的創新之路。

(1) 現況分析

　　富雨洋傘原本只是一家小規模的雨傘製造商，在品牌、知名度方面都尚待加強，雖有製作傘的專業，卻無法廣泛的被消費者所熟知。如何突破市場現狀，進而提高富雨洋傘在消費者心目中的能見度與知名度，是此次創新的重點之一。

　　一般平價雨傘基於產能及成本考量，很多細節無法講究，以傘骨的固定鐵線為例，素材好壞的成本相差五、六倍之多，當然，前者的耐用度也高出數倍。一般易損壞的平價傘，並不適合當企業贈品傘或紀念傘使用，因此在高品質雨傘市場裡，好的鐵線素材有一定的需求。目前富雨公司的雨傘通路主要是在百貨公司、家樂福、零售批發，還有自營店面上，網路行銷部分非常薄弱，Facebook 經營也似有若無。據此，富雨洋傘公司的新定位有兩項：A. 打造高品質、高附加價值的傘。B. 打開高級傘的通路。

(2) 運用心智繪圖法

　　方法如前所述，不再贅言，僅以心智繪圖法所展現的結果做說明，富雨洋傘公司在「傘的價值創新」部分有下列六項創意：

①嚴選傘的材料，確保產出品質

　　富雨公司所製造、用以內銷的成品傘，堅持選用臺灣福懋公司原廠、通過歐盟國際檢測的無毒傘布為材料，其中更率先採用業界獨家擁有之奈米超潑水布、不透光超潑水降溫布，來製造成品傘。傘骨方面，富雨公司主要採用玻璃纖維材質及碳纖維材質，不僅具有彈性，也可防風，更能大

圖片取自網路：富雨洋傘官網 http://www.beo-chion.com/index.php/about/manage

幅減輕傘本身的重量，能做出更適合女性使用的各式傘款，可以與市場上的一般傘做出品質上的區隔。

②一傘一故事，連結品牌情感

　　富雨公司永遠站在消費者的立場，由傘本身的核心價值做發想，如防護、蔽雨、遮陽、擋煞等，事事考量到消費者的基本需求，以期製作出可靠耐用、方便收納、造型時尚、協助業界提升形象之貼心產品。因一直不斷吸收消費者的建議與產品改良，富雨公司更開始自行設計「出色」、「吸睛」特色主題傘品系列，如：國旗傘、父親節傘、扇形車庫開運傘等，藉由不斷的創新主題傘，連結起消費者的情感，同時也建立起富雨公司自己的品牌形象。

③富雨洋傘首創永久保固的售後服務

　　富雨洋傘 (F-Seasons) 所生產的傘，在著重於製傘品質的同時，也為了愛惜地球，本著「成物不毀」的環保精神及永續發展概念，率先於洋傘業界提供客戶永久保固的售後服務。

④技術人才傳承

　　為了讓在臺灣失落近 30 年的製傘業永續經營，再現「雨傘巢」榮景，人才技術的傳承是必要的，富雨公司曾是最晚遷移至中國大陸的廠商，如今更領先業界，重回到臺灣來開設生產線，請到當年製傘的老師傅，以家庭代工的方式生產，讓臺灣更多家庭可以有小額代工收入。富雨公司在技術人才的傳承策略上是希望能根留臺灣，並創造出屬於臺灣在地特色的成品。

⑤「MIT 產品驗證」就是為品質掛保證

　　富雨公司堅持要做出最好的傘給國人使用，在 2012 年著手申請「MIT」商標，成為真正「MIT」品牌，並且在 2012 年 6 月 15 日就順利通過了「MIT 產品驗證」，這項認證不僅證明了這是臺灣生產的商品，想取得這項驗證還必須通過層層的品質檢驗，亦即「MIT 產品驗證」就是高品質商品的保證。

⑥成立固定門市加上參展宣傳

　　富雨公司從一開始以簡單的生產線接訂單生產洋傘，到現在全臺灣北、中、南加起來已有 5 個自營門市，並定期配合 MIT、國際名品展宣傳，提高 F-SEASONS 的品牌知名度，讓消費者對公司的售後服務更有信心，不會面臨購買商品之後，需要做售後服務時，卻找不到人負責的窘況。

(3) 創意導入後狀況分析與前後差異比較

項次	創意內容	導入前	導入後
1	嚴選傘的材料	市面成品傘便宜，材質差，消費者對品質失去信心，無法信任。	客戶對傘的品質有一定認知，了解到好傘的重要性。
2	一傘一故事	將傘當作一次性用品，用壞即丟。	增加客戶對傘的情感、珍惜使用，更會加以保養，讓傘的使用壽命增加。
3	永久保固售後服務	將傘當做一次性用品，用壞即丟。	客戶回購率上升，對品牌認同度增加，更成為業界仿效對象。
4	技術人才傳承	產業外移近 30 年，技術面臨斷層。	回臺設置生產線，以外發代工方式傳承技術，並提高國內就業率，幫助更多臺灣家庭。
5	MIT 產品驗證	客戶對於臺灣製造存疑。	客戶信任安心、了解 MIT 對臺灣的意義，媒體認同後相繼採訪報導，如：經濟日報、蘋果日報、中天新聞、TVBS、三立新聞、公視、臺中廣播等。
6	固定門市、參展	知名度不夠、客戶對於售後服務無法信賴。	提升知名度，成為臺灣內銷 MIT 傘的首選，同時門市分布北中南，更能完整服務到各地的客戶。

(4) 創意執行力

①提升公司品牌形象，積極參與國際性商品大展

　　A. 富雨公司於 2009 年，正式以自有品牌 F-Seasons 進行品牌行銷，陸續於臺中家樂福、左營新光三越、高雄漢神巨蛋、高雄統一阪急（時代）及（遠東）太平洋 SOGO 百貨設櫃，並陸續參與國際性商品展，先後於中國大陸天津、上海、北京、南京、瀋陽、山東、深圳、杭州、江西及泰國曼谷等地參展，逐步拓展富雨公司的國際性市場。

　　B. 2011 年，除蘋果日報以「好傘不怕壞」財經全版篇幅報導富雨洋傘外，之後三立、TVBS、中天、公視等電視臺也陸續爭相報導這個屬於臺灣傳統產業的富雨洋傘，富雨公司已默默累積出高知名度、媒體知名度與曝光度。

　　C. 目前富雨洋傘每年都會定期參與在中國大陸舉辦的「臺灣名品展」活動。為了增加富雨洋傘的品牌知名度，更考量到東南亞市場需求性也很大，如：泰國、印尼、印度都有雨季，有用傘的需求，且新加坡、馬來西亞等地的女生也都有防曬需求，未來富雨公司將規劃至東南亞參展，當然，富雨公司也不排斥讓國外貿易商做產品代理，希望能增加國外通路，讓富雨洋傘能開拓出國外市場。

②產學合作，開發創新產品，參與多項指標性商品比賽

　　A. 2013 年，富雨製造的「扇形車庫聚集好『扇』緣」，正是以臺灣唯一、彰化縣定古蹟的扇型車庫作為主題設計之開運傘，除了通過 MIT 微笑標章的檢測之外，更當選為彰化十大伴手禮及網路票選第一名。

　　B. 目前富雨公司與多所學校，如：亞洲大學、建國科大產學合作，開發一系列新傘品，並將參與國際性知名競賽，如：世界十大國際創新發明展、IF 設計展，期能在多項國際性發明獎項的 Support 之下，讓富雨洋傘的品牌更具創新精神、更符合社會大眾的需

求。

③結合地方產業、觀光、社區營造，成立製傘觀光工廠

A. 一把看似不起眼的洋傘，製作過程雖然不困難，但每一個步驟都需要經驗與技術的累積。做一把洋傘費時費工，除了做工講究，包括選用無毒傘布、傘骨的彈力結構等都得嚴格把關，其堅固、耐用的品質，絕非風一大就開花、變形、折損，或用過即丟的方便傘可比擬。富雨公司把傘業視為社會責任，用心經營，徹底將臺灣人誠懇實在的在地精神發揮得淋漓盡致。

B. 彰化曾有「雨傘巢」、「製傘窟」的稱號，富雨公司除了對臺灣這片土地的感情以外，更希望能將「雨傘巢」這個稱號，以傳統卻細膩的手工製作過程，再傳承給下一代，因此富雨公司不斷思索著如何結合社區營造綠美化工作，將老舊的三合院中的小小空間再利用，成立一個精巧有特色的製傘觀光工廠，展現一系列與製傘相關的產品，如：傘布大裁、小裁之後的合片、打頂、打帶，讓小工廠也能呈現出製傘的大學問，藉由雨傘生產流程的步驟化，與顧客分享製作過程，讓顧客參與了這些流程後，對傘更了解，進而對傘產生珍惜愛護的情感。

圖片取自網路：富雨洋傘官網 http://www.beo-chion.com/index.php/about/manage

(5) 創意成效評估及考評機制

① 成效評估

創意	成效評估	考評機制
參展提升品牌形象	品牌形象、品牌辨識度及國際知名度提升。	1. 批發商、經銷商回饋。 2. 每日銷售點工作日誌，消費者指名要買富雨 F-SEASONS 品牌的洋傘。 3. 銷售點現場問卷及網路問卷調查。
永久保固售後服務	配合增加保固卡，即使於臨時展售會上購買之客戶，也可於卡上找到公司聯絡方式，提供更完善之售後服務。	1. 媒體報導富雨修傘專業，並實際採訪修好傘之顧客意見。 2. 客戶網路意見回饋。
製傘觀光工廠	1. 臺灣固定生產線完成後，下一步是建造觀光工廠。 2. 地理位置優勢——「白蘭氏雞精」、「臺灣玻璃館」、「蘑菇部落」等相關觀光工廠皆位於同一路程上。 3. 能夠提高國內一般消費者對製傘業認知，並提高就業機會，增加就業率，幫助更多臺灣家庭。	1. 參觀人員以零售家庭、社團、公司行號、公家機關預約為主、預估每週可開放 200～300 人參觀。 2. 預估第一年月營業額可達 50 萬元。
MIT 產品驗證	預估將在 5 年內提升內銷 MIT 製傘比例至 60% 左右。	1. 預計臺灣內銷市場 MIT 傘市占率將提升至 80% 左右。 2. 月製傘產能由 600 支提升至 18,000 支。
產學合作	1. 除原先委外論件計費方式外，目前計畫再與亞洲大學簽年度合約，藉由產學合作方式培養能長期開發設計的人才，能在洋傘設計上加入更多年輕流行文化元素，讓製傘技術人才得以傳承與創新。	1. 2012 年與亞洲大學合作設計生產之平安圓舞曲自動摺傘，市場反應熱絡。 2. 接下來 2013 年 6 月上市之「為你撐傘」系列亦造成廣大回響。

創意	成效評估	考評機制
	2.雨傘的使用者有 40% 為學生，預期可透過與學校合作行銷宣傳的方式，以提升品牌知名度及銷售量。	
結合地方產業	創造臺灣在地新形象，並提高彰化國際知名度，讓人一提到秀水鄉就能想到富雨洋傘，一提到富雨洋傘就會想到臺灣彰化秀水鄉。	1.2012 年入選彰化十大伴手禮，扇形車庫開運傘獲得網路票選第一名。 2.與彰化縣「中興穀堡」、「蘑菇部落」……等相關的地方產業業者合作設櫃。

圖片取自網路：富雨洋傘購物網 http://www.beo-chion.com/

② 產值效益

績效指標	年度及事件	產值效益及預估
增加產值	2006 公司成立	年營業額　　300 萬
	2007 創意初投入	年營業額　2,000 萬
	2008 外銷中國大陸	年營業額　3,200 萬
	2010 門市成立	年營業額　4,500 萬
	2012 MIT 通過	年營業額　6,200 萬
	2013 產學合作	年營業額 10,800 萬

(6) 結語

　　富雨洋傘原本只是彰化縣秀水鄉一家小型的製傘工廠，近年來卻能透過不斷的在洋傘製程、行銷上做改良和創新，不但提升了富雨洋傘的品牌知名度，更能在消費者心中建立起優質的品牌形象，尤其是富雨洋傘透過與大學簽訂產學合作計畫、建立製傘觀光工廠、與當地的地方產業合作等一系列計畫的執行，更讓富雨洋傘走在創新的前端，並在同業中一路領先。

　　附註：以上資料為2020年所蒐集，目前（2022年）富雨洋傘已有12個
　　　　　自營門市。

創意學習誌

　　本單元分為三個部分，第一部分介紹了企劃書寫作基本格式，第二部分介紹了運用創意思考法來進行企劃書撰寫的三個範例，第一個是：「乾杯燒肉」餐飲店，並以敘述性文字配合圖表，及曼陀羅創意思考術，來分析「乾杯燒肉店」的成功經營學，從這份「乾杯燒肉」創意企劃分析書中，我們可以明白「乾杯燒肉」企業如何結合創意行銷術，與確實的執行力，而成為燒烤界的盟主。這份企劃書的內容完整而扎實，包含了：企業名稱、創業背景故事、理念、主要商品簡介、目標族群分布狀態、競爭者分析、公司或商品之經營規劃與營運情形、財務狀況等。另外，我們再運用曼陀羅思維法來分析「乾杯燒肉」的「創意行銷方式」，並分成八項逐步做細項分析，分別為：目標市場、行銷方式、特色、顧客關係、食材、員工特色、用餐目的、促銷方式。運用「曼陀羅思維法」我們可以清楚看到「乾杯燒肉」如何同時靈活運用多種創意思考方式，創造出飲食界的奇蹟。

　　本章第二個範例，我們介紹了「同心圓水晶紅豆餅」的創意企劃力與執行力分析，並說明運用 5W2H 思考模式融入加減乘除法（四則運算）的思考架構後，如何讓問題解決模式更具效益。在這份企劃書中包含了：企業背景介紹、理念、公司及商品簡介、目標族群，而在「創意行銷思考」方面，我們運用了「四則運算」及「5W2H」兩

種創意思考做分析，最後發現「同心圓水晶紅豆餅」能創造紅豆餅界的傳奇故事，主要贏在三個創新因素，包含：地點的選定、改良傳統產品、主打中高消費群。

在本章的第三個範例，我們介紹了愛拼拼圖企業，第一部分為公司的背景介紹，第二部分是學生根據第一部分的基本資料，替愛拼股份公司做出一份創意經營計畫書，從中我們學習到一份好的企劃書雖然要具備創意，但在發揮創意之前，還是得廣泛地蒐集業界的基本資料，創意才有可落實與執行的空間。

另外，本章第三個部分介紹了「創意企劃書」比賽得獎作品，分別是：位於彰化縣員林鎮的「Homepoulet 烘布蕾法式時尚經典料理」，及位於彰化縣秀水鄉的「富雨洋傘」，在其中，我們看到了兩家企業如何藉由創新的思維去創業，以及如何以創新、多元的策略，讓自己從小餐廳、小工廠變成消費者心中的好品牌。同時，我們也學習到一份好的企劃書應該具備哪些寫作要素。

從本單元介紹的一系列創新、創意的個案及企劃書中，我們可以看到，這幾家企業無論在行銷手法、企業經營策略上，都具有獨特創意思考亮點，在競爭激烈的市場爭奪戰中，好的創意就是企業本身的優勢，這也就是這幾家企業為何能在自己所屬的領域中，不但能突圍成功，還能在業界闖出一番名號的重要因素。

延伸閱讀

1. 戴國良《圖解企劃案撰寫》，五南圖書出版有限公司，（臺北市：2013 年 6 月初版）。
2. 陳梅雋《優質企劃案撰寫》，五南圖書出版有限公司，（臺北市：2002 年 12 月初版，2014 年 10 月五版）。

Chapter 9

小組共寫心得報告
——以九宮格為討論工具

　　心得報告對多數人而言並不陌生，可說是多數人學生生涯中一項常態性作業，而且進入職場還是得寫「報告」，例如：業績檢討報告、出國參訪報告等等，甚至公職人員拿著公帑出國考察後也需要寫報告，以便建檔備查！

　　心得報告不是交差了事即可，長官們不但會批閱，還會留存資料以供日後備查，因此心得報告寫作能力是求學、求職必備技能已是不爭的事實。

　　值得注意的是，現代是團隊分工時代，心得報告的寫作能力已從個人報告進階到團隊式報告，如：學校作業以小組為單位的「期末小組學習報告」，企業以部門為主的「行銷部年度檢討報告」等等。這類團隊式心得報告如何分工？寫好後又如何負責？相信這是多數人的疑惑。

　　本章「小組共寫心得報告——以九宮格為討論工具」分為三節，第一節介紹心得報告寫作重點，第二節介紹小組集思廣益寫心得報告（以九宮格作為思考工具），第三節是小組集思廣益寫心得報告範例（以電影心得為例）。希望讀者們閱讀本章節後，能對團隊共寫心得報告的使用工具、寫作心法有一定的了解，並能應用到真實生活。

一、心得報告寫作重點

　　心得報告的範圍相當廣泛，不論是閱讀書籍、聆聽演講、觀賞影片、進行主題參訪後，都可以寫成心得報告。簡而言之，心得報告就是透過觀看、聆聽、參訪後，整理相關重點資訊，經過觀察與思考後而寫下的心得感想。

(一) 心得報告思考架構

　　心得報告的思考架構如下：選定內容資訊（書籍、演講、影片、主題參訪）→研擬初步大綱→蒐集資料→歸納重點→剪裁材料→撰寫心得報告→校正→完成。

　　完成一份心得報告，要訓練同學們最主要的核心能力是希望能透過閱讀書籍、聆聽演講、觀看影片、主題參訪的歷程，詳細觀察，並配合思辨能力，提出一份理性思維的具體報告。

(二) 心得報告寫作重要提醒

　　同時，最重要的一點提示是，心得報告不能從蒐集來的資訊中東抄一句、西抄一句，拼湊出報告，而是聚焦在主題目標上，從龐大的資料庫中摘錄重點後，再以自己的語句，重新加以剪裁、組織、撰寫。所以在寫心得報告之前，同學們必須在過程中專心參與，並先做綱要筆記或拍照記錄重點訊息。

二、小組集思廣益寫心得報告

以小組工作團隊的方式共同完成一份心得報告，已是學校課程及現代職場必備能力之一，這種合作方式有其優點，也有其必須克服的困難點，分別敘述如下：

(一) 團隊合作時代的來臨

以小組工作團隊的方式共同完成任務的方式屢見不鮮：在學校課程中，有許多作業是需要分組報告才能完成，因此常要和不同組合的同學組成小組工作團隊；在重視設計與創意思維的職場中，也常需要跨部門組成專案小組，共同完成專案工作，這顯示跨領域團隊合作時代已正式來臨。

(二) 集思廣益可突破個人思考侷限性

透過跨領域團隊小組一起工作，就有機會能接觸到不同專業領域的同學、認識不同的思維模式和觀點，這就是異質性團體工作小組，這樣的團隊組合優點是可透過集思廣益，突破個人思考的侷限性，並藉由不同領域思維相互激盪，激起創意火花、構思出創意的問題解決方案。

(三) 克服拼裝車的困境

小組工作團隊的缺點是彼此專業思維不同、關注重點不同，以至於表述語言也就不同，若沒有合作默契則容易產生誤解和摩擦，或是好不容易分配好工作任務後，小組成員就各自完成任務，不再思考其他組員的工作內容，等最後小組成員都完成各自工作後，再將內容組裝成一份報告，這種合作方式最後會導致一場災難，報告內容就像是拼裝車，比例、內容、重要觀點完全不對稱。

如何克服這些問題而發揮出工作團隊的優勢，以九宮格思考術作為小組討論工具可發揮一定效果，以下提供具體作法。

三、小組共寫「命運好好玩」影片心得報告的 具體作法

(一) 第一層九宮格——小組組員每個人給兩個關鍵詞

　　小組組員一起觀看影片——「命運好好玩」，在觀看影片前，每個組員先畫出自己的九宮格，在觀看影片時，自己以九宮格寫下關鍵字，做影片重點摘錄。

　　影片播放完畢後，小組組員進入討論區，先畫出一個九宮格，並在中心空格寫下影片名稱——「命運好好玩」，由組長開始，在中心空格下方先填兩個重要關鍵詞，第二個組員必須從自己在觀看影片中的筆記綱要九宮格中挑選兩個有關聯的詞填入，第三個組員、第四個組員依照相同規則，依序再填入關鍵詞，填滿整個九宮格。在填寫九宮格過程，組員間彼此可以一起討論該怎麼填寫。

　　填完小組共作的九宮格後，小組組員們從這個九宮格中一起思考要為九宮格中心的「命運好好玩」中的（）填入什麼語詞，作為副標題。在此過程中，小組成員們也可以回頭修改九宮格中的關鍵詞。如下圖所示：

↑ 遙控器	→ 錯過	→ 以家人為重
↑ 工作是為了給你們更好的生活	命運好好玩之(人生無法重來) ↓	時間不能倒退 ↓
← 工作是人生的一大部分	↓ 出生、生活、死亡	← 人生是自己選擇的

(二) 第二層九宮格——寫影片心得大綱

　　小組再畫一個九宮格，在中心點寫下剛才小組共同訂出的主題——命運好好玩之（人生無法重來），依照心得報告基本格式：影片概述、簡介、主要人物、內容結構、觀後心得等項目依次填入九宮格後，分別為：一、影片概述；二、影片簡介；三、主要人物；四、內容結構。

　　影片心得中最核心、也是最困難之處就是如何讓內容結構部分能夠緊扣住觀後心得，因此本研究擬以九宮格中第五、第六、第七格集思廣益羅列出影片內容要點，小組組員可以一起藉由九宮格為思考討論工具，羅列出要點後，再思考第八格中的影片心得該如何聚焦出有創意又有結構的心得。

四. 主要內容結構	五. 持續使用遙控器的念頭	六. 享受遙控器的過程所帶來的甜頭，錯失人生體驗
1. 建築師父親，麥可‧紐曼，忙碌的工作而忽略了家人 2. 某一天晚上，這個父親，決定出去找一支多合一全功能的遙控器 3. 他開始重新反省自己的人生	1. 帶來生活上的便利性 2. 逃避爭執過程 3. 工作帶來的便利性 4. 快速升遷	1. 錯失小孩成長的過程 2. 爸爸的離世 3. 與老婆相處的過程
三. 影片中主要人物		七. 夢醒了，帶來的醒悟
1. 麥可‧紐曼（亞當‧山德勒飾演） 2. 唐娜（凱特‧貝琴薩飾演） 3. 莫提（克里斯多福‧沃肯飾演）	命運好好玩之 （人生無法重來）	1. 了解親人的重要性 2. 家庭永遠優先 3. 對家人多一點付出（旅遊、樹屋）
二. 電影簡介：	一. 概述	八. 心得
年輕建築師麥可‧紐曼努力工作，一日從古怪工程師莫提手中拿到了一支「萬用遙控器」，發現不僅僅能夠遙控電視，甚至能夠遙控麥可附近的環境。但因誤用了遙控器，最終後悔莫及……	1. 類別：溫馨喜劇片 2. 導演：法蘭克‧可洛西 3. 編劇： 馬克‧歐奇福、史帝夫‧柯倫 4. 上映日期： 臺灣 2006/8/4	「我到底錯過了什麼？」

(三) 影片心得報告：命運好好玩之人生無法重來

1. 概述

　　「命運好好玩」此片在臺灣的上映日期是 2006 年 8 月 4 日，是老少咸宜的溫馨喜劇片，導演是法蘭克・可洛西 (Frank Coraci)；編劇有兩位，分別是馬克・歐奇福、史帝夫・柯倫；監製有三位，傑克・吉拉普托、亞當・山德勒以及尼爾・莫尼茨。

2. 電影簡介

　　「命運好好玩」是一部發人省思的溫馨喜劇，描述一個一直想要快速成功的建築師麥可・紐曼，買了一個遙控器，沒想到這個遙控器不但能遙控電視，還幾乎遙控了他整個人生。

3. 影片中主要人物

(1) 男主角

　　麥可・紐曼（亞當・山德勒飾演）是一名年輕、愛家的建築師，無奈事業家庭兩頭燒。

(2) 女主角

　　唐娜（凱特・貝琴薩飾演）是麥可・紐曼的老婆，極盡努力扮演好太太、好媽媽的角色，一直當著全家人最堅強的後盾，卻老是被工作忙碌的先生激怒。

(3) 重要配角

　　莫提（克里斯多福・沃肯飾演）在影片中身分神祕，擁有無所不知的超能力，他給了麥可一支神奇的遙控器，讓麥可隨心所欲地操控著自己的人生進度。其實莫提的身分是一名死亡天使，也就是傳說中的死神。

4. 主要內容結構

　　「命運好好玩」（英文片名Click）是一部奇想式的喜劇，故事架構

描述的是主角麥可‧紐曼在遭逢一場使用遙控器的奇遇之後，開始重新反省自己人生的意義和價值，工作上的成就與家庭幸福該如何取得平衡。電影的主要結構分為三部分：

(1) 電影第一部分描述一個建築師父親——麥可‧紐曼，雖然深愛著自己的太太及兩個可愛的兒女，卻因老闆的剝削壓榨，導致工作負荷過重而經常對家人爽約，也讓家庭關係常處於緊張狀態。

(2) 某天晚上，在工作、家庭中忙得一團亂的麥可，決定出去找一支多合一全功能的遙控器，以解決多支遙控器彼此干擾的問題，結果意外拿到了「萬用遙控器」，從此便展開戲劇性的人生。

(3) 一開始「萬用遙控器」讓麥可輕易快轉人生中痛苦煩悶的階段，卻也不自覺地失去生活中快樂美好的部分，當快轉人生到了盡頭時，麥可不禁重新反省自己的人生意義，是否應該為了富裕與成功，而把時間、精力都花在工作上面，最後麥可終於了解家庭永遠優先的道理。

5. 遙控器在麥可生活中帶來的驚人效果

(1) 為生活帶來便利

在行車時總要受到塞車的煎熬，使用了遙控器後便可直接到達預定目的地，消耗一樣的時間，但麥克無須再承受這些煎熬時刻，為了享有這種心情的舒適感，麥可持續使用著遙控器的快轉功能。

(2) 逃避爭執過程

麥可在與妻子發生爭吵時，總是不想面對彼此爭執的難堪情境，又無法真正解決爭吵的根源，於是麥可就像上癮似的，每次妻子對他心生不滿而抱怨爭吵時，麥可都使用快轉功能，直接跳過吵架的情境，遙控器雖然可以暫時幫助麥可逃過吵架情節，但麥可也沒注意到妻子對生活的無力感和對他已感到心灰意冷。

(3) 快轉工作中的痛苦

麥可在與一群日本商人進行商討餐會時，因文化差異彼此產生了不同想法，讓合作案差點泡湯，麥可透過遙控器的倒帶及監聽功能，了解這群

日本商人內心真正的想法後，直接切入正確方向，滿足日本商人們想要的合作模式，為公司爭取到非常重要的訂單。萬能遙控器功能強大，讓麥可在職場無往不利，卻也因為這樣，讓麥可對遙控器依賴極深，甚至到了形影不離的地步，同時也帶來了可怕的後遺症，讓麥可無法用正常的方式面對生活中種種的磨難和煎熬。

(4) 職場快速升遷

透過遙控器的快轉功能，讓麥可在心理上感覺好像獲得快速升遷了，其實在真實世界裡，升遷的時間還是耗費了好多年，因為快轉功能的關係，讓麥可的心思靈魂都不在受苦的事件當下，因此麥可雖然可以跳過老闆給予的難題，卻也少了過程中心性的磨練，也同時錯過人生最重要的時刻，造成無法彌補的遺憾。

6. 因遙控器快轉功能而錯失重要人生歷程

(1) 錯失小孩的成長過程一開始

麥可就像每個愛家的好父親一樣，一心想努力工作，希望能為家庭帶來更好的生活，卻因為太習慣使用遙控器，快轉人生不順遂的時刻，等到麥可得到一切想要的名利與成功時，才發現自己的一雙兒女也不知不覺長大了。麥可發現遙控器竟自己以六年、十年的時間快轉，每次的快轉，他只看到自己愈來愈胖、病情愈來愈重，之後和老婆離婚、小孩長大離家、小孩結婚，可是中間所有的細節和心情轉折，他全都因為快轉而毫無印象，就這樣一次又一次在無意間錯過了親自參與生命中許多重要時刻。

(2) 父親離世帶來的震撼

麥可追憶爸爸過世時那段情節，應該是電影中最令人鼻酸的章節。因為他用遙控器快轉的人生，使他不記得父親已經離世，也未曾見到父親最後一面，麥可只好透過遙控器去蒐尋過去與父親相處的點滴片段，他找到了自己最後與父親見面的一段，當麥可看到老父親來公司找他談事情時，他竟然頭也不抬地一直埋首工作，還不耐煩地對老父親怒吼，失望的老父親只好黯然離開。麥可並不知道這就是他跟老父親的最後一面，當麥可意識到事態嚴重後，心中非常悔恨當時自己的漫不經心及對父親的出言不

遜，為了彌補自己心中的悔恨與對父親離世的不捨，麥可只好不斷按遙控器中的退回、播放鍵，聽著老爸最後一句對他說的話，麥可最後挑了一個兩人四目相對的位置按了暫停，開始對影像中的老父親說出心底的真心話，好好跟父親道別。

(3) 與老婆離異後，滿心懊悔

麥可因為太習慣使用遙控器的快轉功能，處理和老婆間的衝突爭吵時刻，也不小心順帶將每次與老婆相處的溫馨甜蜜時間也都快轉掉了，讓麥可的老婆產生錯亂的感覺，也對麥可產生心灰意冷及強烈的不信任感，久而久之就磨掉了夫妻間的感情跟樂趣，之後老婆得不斷看心理醫生緩和自己的焦慮和苦悶，最後的結果是離婚收場，離婚後的老婆另結新歡，讓麥可非常懊悔，因為自己的漫不經心與疏於陪伴，讓兩人得之不易的幸福也因為自己一心追求名利而消失殆盡，直到贏了事業卻失去家庭幸福後，麥可才開始省思生命中事業與家庭孰輕孰重的問題。

7. 快轉人生之夢醒了，帶來的醒悟

麥可因重病而摔倒在路邊時，前妻、兒女趕來看他時，麥克回顧前塵往事，不禁悲從中來、懊惱萬分，一陣昏厥後，麥可再度醒來，發現時間回到當時開車到購物商城的時刻，他自己正好好地躺在購物商城的床上，原來這一切只是夢一場，沒有遙控器也沒有快轉人生，夢醒後的麥可像上完一堂關於人生價值的課，麥可有了許多深刻的體會。

(1) 陪伴親人的重要

當麥可知道妻子與他離婚後改嫁他人，兒女們也已經長大成人，並稱前妻再婚的先生「比爾」為父親時，這些都帶給了麥可大大的震撼。麥可懂了親情需要陪伴經營，若總是因為工作繁忙，就將家人丟置一旁，這樣再真摯的感情也會被消磨光的。

(2) 生命流逝不回頭

在快轉人生裡，麥可哭了兩次：第一次是得知飼養多年的狗死去、第二次是得知父親過世，這些生離死別都令他泣不成聲，也讓麥可頓悟生命

流逝後再也不回頭，時間永遠不等人，逝去的時間和生命就是永遠的消逝了，無法重來，陪伴家人的時間比拚命工作還真實，也更重要，這是麥可在快轉人生中得到的重要啟示，也是麥可拚了命也要告訴兒子的道理。

(3) 真實的陪伴與付出

快轉人生的夢醒了後，麥可將所有的領悟付諸實際行動，他先邀請父母到家裡吃飯，再安排全家人的週末出門旅遊，並且要和兒子趕快完成樹屋，一起睡在裡頭，同時也為家裡的狗兒買了一個伴。麥可不再吝惜將時間花在工作以外的事上，開始付出時間和心思陪伴家人，活在每個當下，也學習真心熱愛生命中的一切。

8. 心得與省思

本部電影以一個工作狂麥可‧紐曼為主軸，帶出了事業、家庭兩頭燒的現代人普遍的問題，到底是該全心衝刺事業，還是該當一個愛家好男人？人們往往覺得應該透過努力工作求升遷，換得了金錢財富後才能讓家人過更好的生活。影片中的麥可也誤入了這樣的思維陷阱，尤其是他奇妙地在一次因緣際會下，到了一間賣場，遇見了神祕人莫提，他給了麥可一個神奇的遙控器，讓麥可能隨心所欲對自己的生活遙控、快轉。

隨著影片內容繼續往前遞進，當觀眾們看到麥可能瞬間把被老闆剝削壓榨的生命時刻快轉時，應該都替他拍手叫好吧，尤其在面對日本客人因為文化衝突而產生的種種困難時，麥可用遙控器逆轉勝後，觀眾們應該也都在心中不斷喊著「我也要萬能遙控器」吧！

但是任何事情都得從兩個面向看，萬能遙控器也是一把雙面刃，麥可在享受快轉的過程中，能夠把所有負面、痛苦、不想要的生活全都快轉省略，同時也一起把小孩重要的成長過程、夫妻甜蜜溫馨的相處時間、父親離世前種種珍貴的相處時光，也一起省略，讓麥可處於「人在心不在」的放空狀態。直到遙控器帶著麥可的心智來到晉升為老闆合夥人的職位時，他才悔不當初地問自己一句：「我到底還錯過了什麼？」

如果現實中每個人都能像麥可一樣，有機會遇到莫提，也能擁有一隻神奇遙控器，我們到底是要選擇用萬能遙控器還是不用？用了遙控器後，

我們的世界不會再有生活勞碌的過程，人與人相處中也不會有爭執或冷戰過程，遙控器的快轉功能直接帶著我們到達自己的目的，品嚐甜美的成功果實。但是電影中的麥可卻在影片後頭提醒著觀眾們，他付出的代價是失去自己完整的「人生過程」。麥可經過了快轉人生後，提醒著我們陪伴親人很重要，因為生命流逝後就不再回頭，唯有在親人身邊真實的陪伴與付出，才是真正有價值、有意義的事。

　　看完影片後，觀眾們應該也會同意麥可丟掉萬能遙控器的決定。畢竟上天對每個人都是公平的，人的一生都只有一次，透過每個過程中的喜怒哀樂，才能拼湊出一個人真實完整的生命，少了一個過程，就代表錯過一件事，人生就不完整，像拼圖少了一塊，就連萬能遙控器也無法倒轉，彌補缺憾。在電影的結局裡，麥可領悟到丟掉搖控器，好好活在當下，創造屬於自己真實的人生，才是正確的選擇，想必大部分的觀眾們也同意做出這樣的決定吧！

課堂作業

　　閱讀完本章〈小組共寫心得報告——以九宮格為討論工具〉及小組集思廣益寫電影心得報告範例後，請同學們以小組方式先投票表決，共同挑選一部組員們都有興趣的主題式電影，觀看後進行一份小組電影心得報告寫作，並以兩個九宮格（擴散式、聚斂式）進行討論、重點紀錄與任務分配。之後再以心得報告寫作方式繼續完成一份完整的電影心得報告。

延伸閱讀

1. 胡雅茹《曼陀羅九宮格思考法：訓練思考力、加強腦力的最強學習工具》，晨星出版社，（臺中市：2022年1月初版）。
2. 林慶彰、劉春銀《讀書報告寫作指引（二版）》，萬卷樓圖書股份有限公司，（臺北市：2005年6月初版）。

Chapter 10

小組共寫活動企劃書
——用九宮格及心智圖

　　企劃書是職場重要的軟實力已是不爭的事實，企劃書涵蓋的是眾人的力量，要讓團隊中每位成員負起責任完成一個專案或企劃，並減低各種突發意外狀況，創造最高效益。本章節重點在如何使用創意工具讓團隊裡的成員可以一起思考、一起工作，並一起負起責任。因此本章節將會以九宮格及心智圖為小組共寫活動企劃書的工具，並以企劃書範例，介紹小組成員如何使用此兩項工具完成一份企劃書的撰寫。

一、企業對新進員工在技能與態度的建議

根據美國教育專業媒體《教育周刊》(*Education Week*) 的研究報告指出：企業對新進員工在技能與態度方面有以下建議：

> 1. 運用團隊力量解決問題
> 2. 因應逆境與韌性
> 3. 溝通與表達能力
> 4. 運算思維能力
> 5. 規劃與應變能力
> 6. 社交與情緒技能
> 7. 珍惜多元化
> 8. 正確提問能力

現代職場中最常要求員工要具備獨立完成專案的能力，而完成專案需要具備什麼能力？大致分成：團隊合作力、科技工具使用能力、個人性格軟實力。

所謂的「團隊合作力」指的就是透過人際互動，連結眾人的力量去完成專案，包含了上面八項能力中的：1.運用團隊力量解決問題、3.溝通與表達能力、6.社交與情緒技能、7.珍惜多元化。而「科技工具使用能力」指的就是上面八項能力中的：4.運算思維能力。「個人性格軟實力」則指的就是上面八項能力中的：2.因應逆境與韌性、5.規劃與應變能力、8.正確提問能力。

職場中的專案會因為不同產業別而有不同類型的呈現，在本文中無法一一列舉，不過和專案最為相似的團隊任務就屬團隊共寫企劃書，因為團隊共寫企劃書所需要的能力正好就是團隊合作力、科技工具使用能力、個人性格軟實力。

科技工具使用能力、個人性格軟實力不是一蹴可幾，需要長時間的累積與修練，本文著重在如何運用創意思考工具讓團隊成員可以在一個自由、流暢的意見交流下，記錄下彼此的重要思維，以便日後團隊成員都能在負責的基礎下完成團隊合作。

二、用九宮格（曼陀羅）及心智圖作為小組討論工具

　　小組成員要一起完成企劃書前必須能建立合作默契，並對所要完成的事項先達成共識，這需要透過溝通討論，並將討論結果做出重點紀錄，透過紀錄能讓每次的討論聚焦，不流為空談，也不會讓討論變成一言堂現象。

　　本單元將介紹九宮格（曼陀羅）思考術做為小組（本文設定為一組四個組員）參加「就要桃花源——藝文亮起來企劃書」討論的第一階段工具，希望此工具可以幫助小組在討論時發揮出效益，也讓團隊每個成員負起責任，在發言前先思考，也在其他組員發言時認真聆聽，並能尊重小組做出的決定，並共同承擔責任。

(一) 九宮格（曼陀羅）放射性思考法與聚斂式思考的應用

　　我們先複習一下九宮格（曼陀羅）放射性思考法與聚斂式思考，如下圖所示：

左圖是用曼陀羅Memo作放射性思考
右圖是曼陀羅Memo做「の」思考（聚斂式思考）

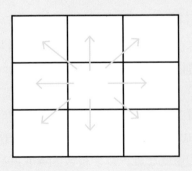
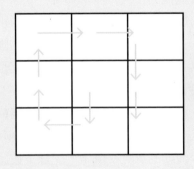

(二) 九宮格（曼陀羅）放射性思考法訂出企劃主題或地點

接著，我們先以放射性為主，在一張A4白紙上畫出一個九宮格，先在九宮格的正中間寫上此次討論的核心「就要桃花源——藝文亮起來企劃書」，再請四位組員（每個組員填寫兩格），寫出最適合的地點。每位組員先思考過自己對哪個地點或主題比較適合後，自己親筆寫在九宮格，並說說自己為何寫這兩個地點（主題），其他組員也可以提出意見做交流，以此做為小組第一階段的溝通與討論。當四個組員都寫完，也做完彼此意見交流，最後再從這八個格子中選一個最適合的地點（主題），用紅筆圈選出來。如下圖所示：

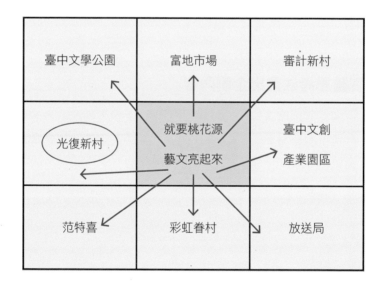

(三) 九宮格（曼陀羅）聚斂性思考法訂出企劃大綱

之後，我們進入聚斂性思考。在一張A4白紙上畫出一個九宮格，先在九宮格的正中間寫上此次討論的核心「就要桃花源藝文亮起來——光復新村企劃書」，再根據企劃書寫作重點，在八個格子中依序寫下相關內容，組員們在寫此九宮格時不但可以提出意見做交流，也可以開始分配任務，如下圖所示：

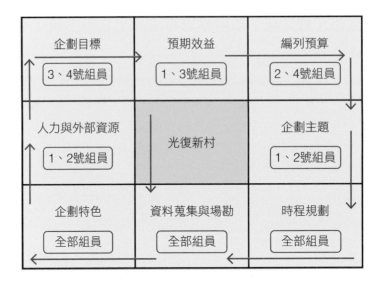

(四) 心智圖思考法畫出企劃內容

　　小組藉由完成兩個九宮格討論，也就完成企劃書基本的內容架構與工作分配，再請小組組員繼續做更詳細的討論，讓企劃書內容架構更詳盡，並以心智圖做紀錄，如下圖所示：

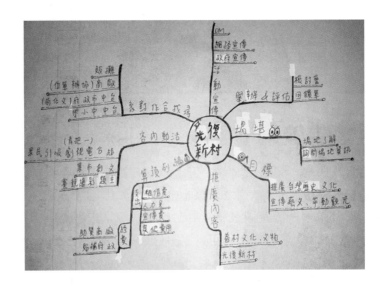

畫完心智圖後，小組組員即可根據此三個圖表的內容，依據自己所分配的任務各自執行後，完成一份企劃書。當然，在撰寫企劃書過程一定會再遭遇其他問題，小組成員再回報組長，由組長依當時狀況判斷是否需要再開小組會議，或是協調工作任務調整，甚至回頭修改兩個九宮格及心智圖。

　　藉由兩個九宮格及心智圖，可以讓小組組員在討論時可以更聚焦、有會議憑據、責任分工，讓小組組員發揮出正向的團隊力，所以應該將兩個九宮格及心智圖當成團隊共作的討論工具，工具要靈活運用，不能被工具框綁住，只要組員在撰寫、執行時遇到困難時，組長都可以回頭修正，不過記得要同步在九宮格和心智圖上做修改，讓組員們在執行任務時有所依歸。

三、企劃書範例

　　下文則是兩個以九宮格（曼陀羅）、心智圖為小組思考工具的企劃書範例，分別是：「就要桃花源藝文亮起來──光復新村活動企劃書」、「臺中在地美食大會串：我的專屬美食 APP 企劃書」。

　　「就要桃花源藝文亮起來──光復新村活動企劃書」小組成員在完成企劃書寫作後，再回頭對企劃書題目做了調整與修正為「『眷』永文化──繪出元宵，點亮希望之燈活動企劃書」。

　　閱讀完企劃書範例後，也邀請讀者們試試看以小組方式進行一份企劃書的撰擬，在寫作的同時也可以感受曼陀羅思考術如何集合並驅動眾人的思維，以及如何捕捉大家瞬間的靈感，甚至可以引導組員們再回頭修正自己原先不夠周全的思維喔！

範例一

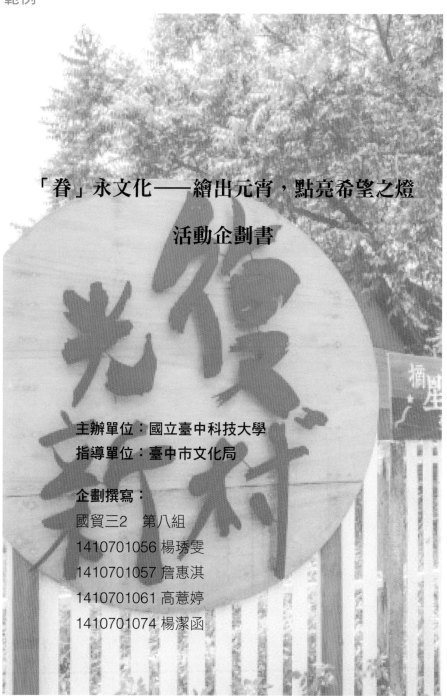

「眷」永文化──繪出元宵，點亮希望之燈

活動企劃書

主辦單位：國立臺中科技大學
指導單位：臺中市文化局

企劃撰寫：
國貿三2　第八組
1410701056 楊琇雯
1410701057 詹惠淇
1410701061 高薏婷
1410701074 楊潔函

目錄

一、　　活動宗旨..

二、　　SWOT分析...

三、　　企劃特色..

四、　　企劃內容..

五、　　預期效益..

六、　　時間規劃及甘特圖...

七、　　組織架構及工作分配..

八、　　預算表...

九、　　活動宣傳海報...

十、　　交通資訊..

十一、　活動相關表格...

十二、　參考資料..

一、活動宗旨

　　臺中擁有許多歷史悠久的社區聚落，而現代人在追求現代化以及生活機能便利的都市生活時，往往遺忘了這些古色古香的地方。

　　本企劃所挑選的光復新村，保留了眷村時期文化特色。有許多經典電影、電視劇來此取景，如：電視劇《一把青》、電影《生生》……等，擁有多項特色的光復新村更被臺中市文化局列為臺中市重要文化景觀，並被臺中市政府列為摘星基地之一，光復新村可以說是臺中藝文景點始祖。

　　藉由「『眷』永文化——繪出元宵，點亮希望之燈」活動企劃，向民眾推廣光復新村，並結合各項活動及宣傳，讓民眾更能了解光復新村的歷史，也體驗文創氣息，並帶動臺中觀光效能。下圖為本企劃概念圖：

二、SWOT分析

　　「『眷』永文化──繪出元宵，點亮希望之燈」活動企劃的優勢、劣勢、機會、威脅之評估分析如下圖所示：

- ・經典電影電視劇
- ・眷村文化

- ・地點較偏遠
- ・停車不便

Strengths
優勢

Weaknesses
劣勢

Opportunities
機會

Threats
威脅

- ・配合元宵節
- ・婚紗取景地
- ・帶動大眾運輸

- ・有其他相似文創景點
  （例如：審計新村、
  摘星山莊）

三、企劃特色

本企劃將透過在光復新村舉辦文創市集，並結合街頭表演、闖關活動、繪燈籠比賽等宣傳活動，向民眾行銷光復新村，讓社會大眾透過參與活動了解光復新村的地理位置、歷史特色，也體驗其獨特的文創氣息，以此帶動臺中觀光效能。

(一) 文創市集

本企劃會在假日舉辦文創市集，市集場景會保留光復新村獨特古樸的氛圍，再搭配現代青年文創產品，讓參與的民眾可以感受本企劃所舉辦的市集具備新舊碰撞的美感，及獨特的知性氣息。

(二) 街頭表演

本企劃會廣邀各類街頭表演藝人、團體在假日到光復新村參與展演，讓假日的光復新村成為表演者展現自己才能的平臺，也藉此吸引民眾前往，使民眾來到光復新村逛市集時也能觀賞精采演出。

(三) 闖關活動

本企劃會規畫拍照打卡闖關活動，讓前往光復新村的民眾藉由闖關活動過程看見光復新村裡深具特色的美景，以期達成寓教於樂，在遊戲中也發揮觀光宣傳效果。

(四) 繪燈籠比賽

本企劃在元宵節舉辦，並結合元宵節提燈籠習俗，讓民眾發揮自身創意，在燈籠上畫出自己心中第一名的光復新村景點圖案。

四、企劃內容

(一) 彩繪燈籠

藉由彩繪燈籠活動，讓參賽者能將光復新村相關意象、圖騰以創意方式彩繪在燈籠上，再由專家遴選，優選作品除了頒發獎項外，也同步將實體作品懸掛在光復新村活動現場，照片及影音作品將放置在官網上，以此多面向行銷光復新村，並提升光復新村的觀光量能。

1. 活動地點：光復新村
2. 活動對象：

   兒童組：幼兒園、國小學生

   一般組：年齡不拘
3. 活動組別：

   創意燈籠組（限兒童組）：讓父母帶著小朋友一起發揮創意彩繪燈籠。

   一般組：所有年齡層均可報名參加彩繪燈籠。
4. 兒童組領取燈籠時間：

   活動期間的上班時段至活動服務櫃臺領取，每日燈籠數量有限（75個），領完為止。
5. 一般組作品規格：

   需自備燈籠，尺寸規格不得超過28吋（47cm×56cm×76cm），材質須以安全為優先。
6. 一般組收件方式及時間：

   收件方式：服務臺將設置專屬收件處，請完成創作的參賽者，將作品交至服務臺收件處，現場工作人員會提供相關協助。

   收件時間：活動開始至2022/2/13下午五點前。
7. 獎勵辦法：

   兒童組：領取燈籠同時贈送文創小禮物。

   一般組：於2022/2/20公布得獎名單，並頒發獎金及獎品。

   > 第一名　4,000元 乙名
   > 第二名　2,500元 乙名

第三名　1,000元　乙名
　　　　　佳　作　獎狀　　十名
　　　　　參加獎　獎品　　七十五名

8. 其他：

　一般組作品將借給主辦單位於光復新村展出，於活動結束後返還。

(二) 闖關活動

1. 活動名稱：光復新風采——人情似意
2. 活動時間：2022/2/7（一）～2022/2/20（日）每日11：00～16：00
3. 活動地點：光復新村（指定地點）
4. 活動內容：

　任務1. 在光復新村內找到4個指定打卡點，並於各打卡點前拍下自己最燦爛的笑容！

　任務2. 選擇1張照片，在自己的IG上傳限時動態或FB打卡，並Hashtag活動主標籤「眷永文化——繪出元宵點亮希望之燈」。

　完成任務後，出示給服務臺人員，將可領取文創杯袋一個！

5. 注意事項：

　‧文創杯袋每日限量75個（不得重複領取）

　‧主辦單位保有修改與解釋之權利，如有未盡事項，以主辦單位公布為主。

(三) 文創市集舉辦時間

1. 活動日期：2022/2/7～2/20（為期兩週）
2. 活動時間：10：00～18：00
3. 活動分為一般日及閉幕式，活動流程表如下：

一般日活動流程表

日期	時間	活動內容
2 / 7（一） 〜 2 / 19（六）	10：00	開幕
	11：00	闖關活動開始
	11：30〜11：45	表演時間
	13：00	創意繪燈籠活動開始
	13：30〜13：45	表演時間
	15：00〜15：45	表演時間
	16：00	闖關活動結束
	17：00	創意繪燈籠活動收稿結束 （活動時間內完成皆可提早繳交）
	17：30〜17：45	表演時間
	18：00	活動結束

閉幕式活動流程表

日期	時間	活動內容
2 / 20（日） 閉幕日	10：00	活動開始
	11：00	闖關活動開始
	13：00	創意繪燈籠活動開始
	16：00	闖關活動結束
	17：30〜17：50	頒獎（創意繪燈籠活動：一般組）
	18：00	活動結束

五、預期效益

(一) 短期收益

　　本企劃在活動時間：2022/2/7（一）～2022/2/20（日）將有效促進光復新村當地附近觀光效能，並預計提高攤商及已進駐店家的單月營業額四成。

(二) 中期收益

　　配合當地已行之多時的青年創業基礎，利用此次企劃活動實質支持青年，提供駐點青年藝術家能在光復新村做好基礎扎根量能，並且讓民眾能更了解臺中市的觀光藝文及相關青年藝術家的文創產品，並預計提高駐店青年藝術家人數一年成長兩成。

(三) 長期效益

　　藉由此次「『眷』永文化——繪出元宵，點亮希望之燈」企劃活動，希望能帶動光復新村及當地觀光外，也可以帶動臺中市整體文化古蹟景點的觀光風潮，進而促使整個臺中市的藝文觀光較能有效上升，並預計每年活動期間提升觀光收入兩成左右。

六、時間規劃及甘特圖

以下是本企劃的重要工作時間流程表及甘特圖：

重要工作時間流程表

活動	日期	備註
招商時間	2021/12/1～2021/12/31	攤販報名 街頭表演組報名
審查時間	2022/1/3～2022/1/9	攤販審查及名單公告
活動徵稿開始	2022/1/10	一般組
招募現場工作人員	2022/1/10～2022/1/16	報名時間
面試時間	2022/1/17	現場工作人員面試
行前說明會	2022/2/6	上午：攤販 下午：現場工作人員
截止收件	2022/2/13	一般組

註：因活動期間恰逢春節及寒假，故於活動期間內每日皆有擺設攤販。

日期 \ 活動	2021年 12月	2022年						
		1/1～1/7	1/8～1/14	1/15～1/21	1/22～1/28	1/29～2/5	2/6～2/11	2/12～18
招商時間	■							
審查時間		■						
活動徵稿開始			■					
招募現場工作人員			■					
面試時間				■				
行前說明會							■	
活動截稿								■

七、組織架構及工作分配

(一) 組織架構圖

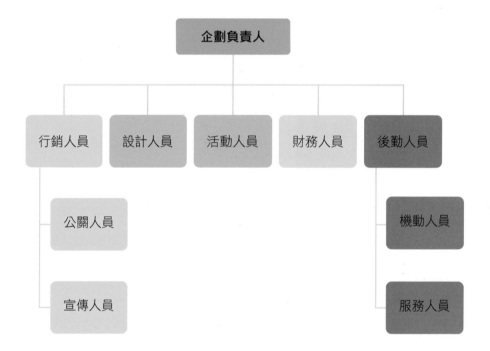

(二) 工作分配圖

職稱	工作內容	人員配置
公關人員	尋找合作廠商	2人
宣傳人員	到學校及各地 推廣此活動	2人
設計人員	設計宣傳圖、海報	2～3人
活動人員	籌辦各項活動	約10人
財務人員	各項金錢控管及記錄	3人
服務人員	安排伙食及各項事務	3人
後勤人員	協助各組工作	3人

八、預算表

支出項目	單價	數量	金額（TWD）
活動支出			
燈籠	$10／個	1,100個	11,000
獎品	$20／個	活動：150個×14天 參加獎：75個	43,500
獎金	第一名　4,000元 第二名　2,500元 第三名　1,000元		7,500
人力支出		人數：19	
伙食費	$70／人次	14天	18,620
薪資費	$168／時 ×一天8時	14天	357,504
宣傳支出			
宣傳海報	$50／張	50張	2,500
其他費用			6,400
支出合計			447,024

收入項目	單價	數量	金額（TWD）
攤販	＄600天／攤	50攤×14天	420,000
申請補助			70,000
廠商贊助			30,000
收入合計			520,000
營收淨額 （收入－ 支出）			**72,976**

單位：新臺幣（元）

九、活動宣傳海報

「漆」永文化 ——
給出元宵點亮希望之燈

2022/02/07~2022/02/20

活動地點：
光復新村

活動對象：

兒童組：國小以下的學生

一般組：年齡不拘，需報名參加

獎勵辦法：

一般組領取燈籠同時贈送文創小禮物

專業組將在 2022/2/20 公布得獎名單，

並頒發獎金及獎品

專業組得獎作品將借給主辦單位於光復新村展出

更多詳情請見台中市文化局官網

主辦單位：國立台中科技大學　　　　指導單位：台中市文化局

十、交通資訊

光復新村位於臺中市霧峰區坑口里。

1. 自行前往：
- 行駛中投公路（臺63線），於中投交流道出口下，依循指標轉接至國道3號南下，（往南投方向）下211霧峰交流道。
- 行駛中彰快速公路（臺74線），於快官系統交流道接國道3號南下，（往南投方向）下211霧峰交流道。
- 行駛臺中生活圈四號—大里聯絡道（臺74線），於國道3號霧峰交流道時請依循指標接省道臺3線至霧峰（無須上國道3號）。

2. 停車位置：
路邊停車或專有停車場。

3. 大眾運輸：
- 臺中市公車 17號、50號、59號、100號、100號副線、100號區間、107號、151號副線，於光復新村站下車；151號於省議會站下車，再轉搭50、100號等市公車。
- 豐原／彰化客運6876、6877、6878號，光復新村站下車。

十一、活動相關表格

(一) 藝人展演報名表

<table>
<tr><th colspan="6">「眷」永文化──繪出元宵點亮希望之燈
藝人展演報名表</th></tr>
<tr><td rowspan="11">申
請
單
位</td><td>申請人</td><td></td><td>申請日期</td><td colspan="2">／　／</td></tr>
<tr><td rowspan="3">展演類別</td><td rowspan="3">☐表演藝術類
☐視覺藝術類
☐創意工藝類</td><td>活動許可證
編號</td><td colspan="2"></td></tr>
<tr><td>活動許可證
使用期限</td><td colspan="2"></td></tr>
<tr><td></td></tr>
<tr><td>申請類別</td><td colspan="4">☐個人
☐團體（團體名稱：　　　　　　）</td></tr>
<tr><td>展演日期</td><td colspan="4">　年　　月　　日</td></tr>
<tr><td>展演時段</td><td colspan="4">☐11：30～11：45時段
☐13：30～13：45時段
☐15：00～15：45時段
☐17：30～17：45時段</td></tr>
<tr><td>展演項目
（依許可證核
可項目為準）</td><td colspan="4"></td></tr>
<tr><td>聯絡電話</td><td colspan="2">室內：</td><td colspan="2">手機：</td></tr>
<tr><td>電子郵件</td><td colspan="4"></td></tr>
<tr><td>聯絡地址</td><td colspan="4"></td></tr>
<tr><td>注
意
事
項</td><td colspan="5">1. 登記事項
　(1) 依本場地使用管理要點辦理，惟不收取場地保證金。
　(2) 預約登記者限領有街頭藝人活動許可證之街頭藝人。
　(3) 需於展演二週前申請，每週至多2次，每日不超過2個時段為原
　　　則。</td></tr>
</table>

「眷」永文化——繪出元宵點亮希望之燈
藝人展演報名表

<table>
<tr><td rowspan="30" style="writing-mode: vertical-rl">注意事項</td><td>

(4) 請檢附本表及街頭藝人活動許可證影本向協辦單位申請。

(5) 為維護表演藝術類演出品質，本單位得視場地及演出性質，進行適當之安排。

2. 取消事項

申請經登記核可後，若於展演當日未使用，應於原登記使用七日前通知本單位；本單位得因特殊需要收回使用或調整檔期時，申請人或使用人不得提出異議。

3. 展演事項

(1) 展演須配戴街頭藝人活動許可證，並接受場地管理單位（含駐衛警及稽查人員）之管理與查核。

(2) 展演內容須符合申請項目，並不得涉及販賣食品、飲料，或以人體裸露為表演素材，並不得違反公序良俗。

(3) 展演若有電源需求，請自備發電機，本場地不提供電源。

(4) 展演內容不得涉及宗教宣傳、政治選舉、抗議、抗爭等活動。

(5) 展演時不得造成行人、車輛通行困難，及阻礙無障礙設施、建築出入口及消防設施等。

(6) 展演者應衡酌其活動內容，自行設置安全維護設施或投保（如第三人意外責任險、公共意外責任險等）。

(7) 本場地開放之展演空間僅供街頭藝人從事藝文活動，如有造成場地或設施設備之損壞，應由展演者負擔相關復原及損害賠償責任。

(8) 展演時須遵守《社會秩序維護法》及《噪音管制法》等相關規範，使用擴音設施不得超過57dB，如遭環保單位告發取締，罰款由展演者自行負責；若因音量過大影響周邊環境，管理單位得視情況請展演者調整音量。

(9) 展演者演出結束後，應注意場地清潔及場地復原。

(10) 其他相關規範，敬請參酌本市街頭藝人申請作業要點。

(11) **凡有違反以上使用事項者，本單位得令展演者立即停止展演。**

4. 其他

本場地申請借用檔期若遇有其他活動及付費租借場地之檔期，以上述活動為優先。

</td></tr>
</table>

<table>
<tr><td colspan="2" align="center">「眷」永文化──繪出元宵點亮希望之燈
藝人展演報名表</td></tr>
<tr><td>注
意
事
項</td><td>本人同意上述注意事項並願遵守規定。
簽章（團體者每位均須簽名）：</td></tr>
<tr><td>備
註</td><td>1. 本表格得依實際填寫需求調整。
2. 請填寫完竣後於2021/12/1～2021/12/31期間郵寄至協辦單位的信箱。
3. 協辦單位將於2022/1/3～2022/01/9審查相關資格，並公布結果。</td></tr>
</table>

(二) 文創市集攤販報名表

<table>
<tr><td colspan="5" align="center">「眷」永文化──繪出元宵點亮希望之燈
文創市集攤販報名表</td></tr>
<tr><td rowspan="5">申
請
單
位</td><td>申請人</td><td></td><td>申請日期</td><td>／　／</td></tr>
<tr><td>攤販編號</td><td></td><td colspan="2">（本欄由主辦方填寫）</td></tr>
<tr><td>攤販類別</td><td colspan="3">□視覺藝術類　　□創意工藝類</td></tr>
<tr><td>販賣內容</td><td colspan="3"></td></tr>
<tr><td colspan="4"></td></tr>
<tr><td rowspan="2">注
意
事
項</td><td colspan="4">1. 須符合申請項目，不得涉及販賣非法及傷害他人身心健康之物品，並
　不得違反公序良俗。
2. 若有電源需求，請自備發電機，本場地不提供電源。
3. 不得涉及宗教宣傳、政治選舉、抗議、抗爭等內容。
4. 每日活動結束後，請注意場地復原及清潔。
5. 本場地申請借用檔期若遇有其他活動及付費租借場地之檔期，以上述
　活動為優先。</td></tr>
<tr><td colspan="4">本人同意上述注意事項並願遵守規定。
負責人簽章：</td></tr>
<tr><td>備
註</td><td colspan="4">1. 本表格得依實際填寫需求調整。
2. 請填寫完竣後於2021/12/1～2021/12/31期間郵寄至協辦單位的信箱。
3. 協辦單位將於2022/1/3～2022/1/9審查相關資格，並公布結果。</td></tr>
</table>

十二、參考資料

1. 光復新村：臺中觀光旅遊網
   https://travel.taichung.gov.tw/zh-tw/attractions/intro/962

2. 光復新村GuangFu Village－Facebook粉絲專頁
   https://www.facebook.com/GuangFuVillage/

3. 一圖看懂 摘星計畫 摘星築夢 綻放臺中青創實力
   https://www.cool3c.com/article/139428

範例二

「臺中在地美食」大會串：

我的專屬美食 APP 企劃書

一、活動宗旨

　　為了促進臺中地區經濟，就讀臺中科技大學資訊系的我們，想連結所學的專業知識，特別做了此次企劃，希望能對喜歡臺中但不知道臺中在地美食的人有些幫助。

　　本企劃擬訂在寒暑假期間，在臺中市北區結合APP行銷擴大舉辦「臺中在地美食」大會串活動，希望能促進臺中地區小吃的知名度，活絡地區經濟。在此活動中會有專屬活動APP，此APP主要功能會有美食集點、美食商家定位、臺中市民優惠、APP特價券產品，除了幫店家在APP創造網路口碑，更能讓各地遊客認識、實地探訪臺中道地的美食小吃。

二、SWOT 分析

(一) 現況與劣勢分析

　　現在是資訊網路時代，社群網路發展活絡，導致多數年輕人過度依賴網路資訊，來臺中旅遊，大都跟隨網路資訊潮流，走訪各地網美景點，讓不少在地傳統美食因為缺乏適當的網路行銷而難以生存。

(二) 優勢條件

　　就讀臺中科技大學資訊系的我們，都是從外縣市來讀書，深入臺中在地生活，為了促進臺中地區經濟，特別作了此次企劃，我們以臺中科技大學為出發點，深入臺中北區，希望能藉由此企劃，讓大家更了解有關臺中隱藏在街弄裡的美食祕密。

(三) 尋找機會點

1. 現在科技資訊發達，人手一機，讓近幾年APP程式與行動裝置發展成熟。APP行動程式可用於消費經驗分享、溝通與交流，以非商家、媒體的第三方分享模式為主軸，在APP行動程式中，大部分的資訊都來自廣闊無邊的網民，所有資訊也回饋給所有的網民，因此，若能集合臺中市北區商家舉辦美食大會串活動，並配合相關APP行動程式，且以此APP行動程式吸引廣大網民加入並關注，以此造成話題，提高瀏覽率，即能提升媒體曝光度，這是一種最新型的行銷方式。
2. 另外，這幾年環保意識崛起，大家更重視全球暖化、空氣汙染……等議題，若能在推動臺中美食的同時，也能一起推廣節能減碳愛地球的觀念，不但能增加臺中美食大會串的活動效益，也能一起環保愛地球，因此，本企劃鼓勵探訪臺中在地美食的遊客多搭乘大眾運輸工具，一起深入體會在地化美食，也促進當地傳統經濟發展。

(四) 威脅與改善之道

　　綜觀現有的美食APP行動程式，網友們及使用者多半是被動吸取相關

美食資訊，缺乏使用者互動，讓美食APP行銷效益無法彰顯，若能增加網友們及使用者的分享意願，並增加互動頻率，讓他們可以擁有充分的自由與安全感，在此自在抒發、描寫、分享消費經驗，也讓商家們藉由網友們的推薦增加曝光率、提升業績，而被網友提到待改善的店家，則可以藉此平臺搜羅相關意見及早改善，提升回客率。

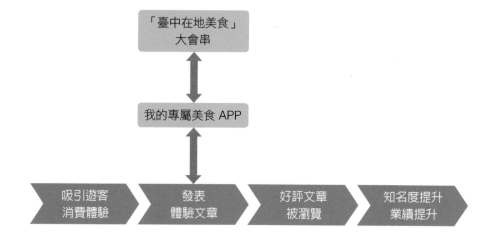

三、企劃特色

本企劃——「臺中在地美食」大會串活動預計採用靈活多樣的經營方式，類似市面上的音樂美食節 (Music Festival in Taichung)，如美食週、燒烤會、池邊晚餐會等。希望藉由靈活多樣的經營方式，讓每次展銷活動都能製造熱鬧、歡樂場面，吸引超過1.5萬名人潮參與。

(一) 開發符合女性消費者使用需求的APP

一個美食活動的成功與否，在於其活動內容、方式是否能吸引消費者的關注，若能先讓一群有影響力的消費者表達對活動滿意，並為活動作出口碑行銷，無疑是最好的廣告，是此活動能否成功的重要因素。而口碑行銷想深化操作，相關的APP程式設計就要特別關照女性網友，若能以女性網友為中心，擴展出的口碑行銷就更容易有特色，也能發揮行銷效果。

由於女性消費者的購物慾望通常比較能夠藉由臨時性、無預期的行銷活動，故本企劃所開發的APP內容是針對女性族群為開發，希望藉由女性族群的口耳相傳，引入其他人潮，提升商家業績。

(二) 美食內容精彩豐富

本企劃——「臺中在地美食」大會串活動，每一次的活動希望能藉由內容豐富的每週主題美食吸引消費者的關注，如第一週以早餐為主題，其產品內容主要是臺中在地人的早餐。第二週以冰品為主題，其產品內容則以古早味的豐仁冰、蜜豆冰及相關故事為主。第三週以餅文化為主題，介紹具民族文化特色的各式月餅、太陽餅、老婆餅……等，及相關故事、特色店家。

本活動重視食品展銷活動內容的豐富多彩，因此對於每次活動，產品內容和菜單設計風格都獨具特色，活動相關的餐飲經營者會將活動的菜單設計和花色品種做出符合主題的安排，本活動希望能將臺中北區特色美食的具體內容和形式結合起來，形成廣泛的吸引力。

(三) 主題活動結合音樂藝文展演

　　本活動希望在舉辦各種主題展銷活動時可以與文化結合，例如：舉辦演唱會、文藝演出、名曲欣賞、鋼琴伴奏等，餐飲經營者必須根據每次的活動內容選擇活動方式，才能使其活動方式和就餐環境、服務方法結合起來，廣泛招攬客人，擴大產品銷售，獲得良好的經濟效益和社會效益。

(四) APP 建置與異業結盟

　　異業結盟是指不同類型、不同層次的商家或團體，為了提升規模效應、擴大自己的業績、提高資訊和資源共用力度而組成的利益共同體，異業結盟對商家好處甚多，可以讓客戶資源從一變成十、二十、三十，這也是資源整合、資源營銷的概念，也可以說是一種新型的跨行業多企業多品牌的營銷模式。

　　本活動想藉由APP的建置，形成一種類似著「聯盟卡」的功能，把與此活動相關的合作商家資訊都涵蓋進來，豐富整個APP內容，吸引網友加入，也讓資源不斷擴大，那麼藉由APP，商家們就等於共同擁有了一個穩定的消費群體。 另外，異業結盟的結果，不僅壯大了商家自身，更讓消費者的利益得以最大化。如：1.商家可減少廣告費用的投入，而把另一部分廣告費用回饋給消費者，為消費者省錢。2.藉由APP網友回饋內容可培養顧客忠誠度，網友回饋意見得到了APP商家的相關回饋，就會再次吸引其他網友消費意願，讓商家、網友們及消費群眾一起進入良性迴圈。

(五) APP 建置與大眾運輸資訊

　　本活動配合提倡節能減碳、愛護地球，所以推薦大眾運輸工具，在本活動所建置的 APP 中會提供相關大眾運輸工具的資訊例如：U-bike、公車、Uber（優步）等，讓網友及消費者們參與此活動不僅能親自響應節能減碳、愛地球，也能節省交通花費。

(六) APP行動程式內容示意圖

　　本企劃──「臺中在地美食」大會串活動，主要是以建置APP行動程式，串聯起各個美食商家資訊，一方面吸引相關活動廠商投入本活動，為活動內容增添更多特色，另一方面也吸引對美食感興趣的網友能參與本活動。APP行動程式可說是本活動的資源、資訊整合平臺，藉由此平臺吸引更多不同商家投入，讓美食活動更熱鬧豐富，也降低廣告行銷費用，當APP行動程式內容更豐富、美食大會串活動更熱鬧時，吸引更多網友下載APP程式，也會引來更多人參與美食大會串活動，會形成良性迴圈。

　　本企劃──「臺中在地美食」大會串活動，主要是以建置APP行動程式的示意圖如下：

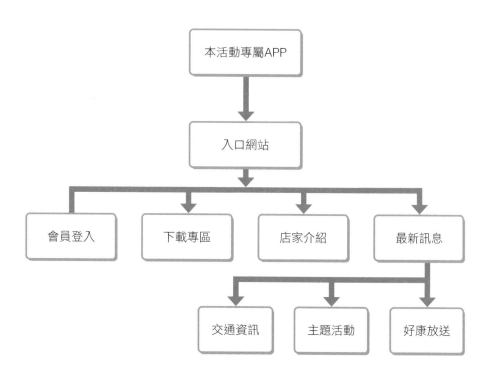

　　另外，網友加入本活動APP行動程式，參與美食大會串活動，以及吸引更多網友下載APP程式，形成良性迴圈示意圖如下：

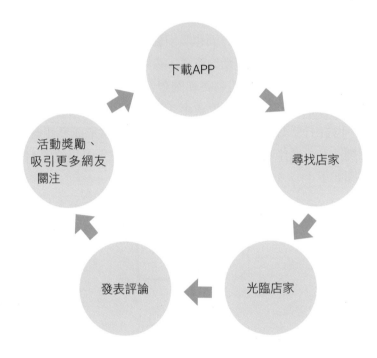

(七) 「臺中在地美食」大會串活動推廣方式

　　本企劃──「臺中在地美食」大會串活動，主要是以建置APP行動程式為核心，為了增加活動效益，首先要結合觀光局的資源，連結公部門的行銷平臺，並申請相關補助後，結合觀光局推廣相關旅遊活動，再宣傳本活動，讓網友能關注本活動，並下載APP行動程式，本企劃擬先透過YouTuber拍攝宣傳影片，做為本活動推廣，並同步在臉書、IG創立活動粉絲專頁。

　　除此之外，本活動也會同步用傳統行銷方式：發傳單、親友介紹、刊登報章雜誌。希望藉由新型態的APP行動程式融合傳統行銷方式，擴大「臺中在地美食」大會串活動能見度，吸引人潮、帶動錢潮。本活動的推廣方式如下：

結合觀光局資源，連結相關旅遊活動	透過YouTuber拍攝宣傳影片推廣頁	創立活動粉絲專頁
Taiwan THE HEART OF ASIA 臺灣觀光局 Taiwan Tourism Bureau	YouTube	f Instagram
發傳單	親友介紹	報章雜誌刊登

四、預期效益

(一) 短期效益

　　藉由本企劃──「臺中在地美食」大會串活動的舉辦後，預計在第一年（舉辦兩次活動，寒假一次、暑假一次）後，能夠讓參與活動民眾搭乘臺中大眾運輸比率達到三成，店家營業收入提升兩成以上。

(二) 中期效益

　　藉由本企劃──「臺中在地美食」大會串活動的舉辦，預計在第三年讓百分之六十的臺灣民眾都能接收到此活動訊息，以提升臺中觀光經濟效益，在活動舉辦期間要達成商家營業收入提升三成以上。

(三) 長期效益

　　藉由本企劃──「臺中在地美食」大會串活動的舉辦，預計在第五年讓臺中市參與的商家從北區擴展到山海屯三大區塊，並透過 APP 行動程式為資源、資訊整合平臺，讓臺中市實體商家參與本活動的參與度達到七成。在活動舉辦期間，要讓商家營業收入提升五成以上。參與活動民眾搭乘大眾運輸比例要達到七成左右，以此減少碳排廢量，增高人民環保意識，改善臺中市空汙問題。

五、時間規劃（本組完成此企劃書之甘特圖）

事項	10 / 2	10 / 16	10 / 23	11 / 1	11 / 3	11 / 4	11 / 5	11 / 6
九宮格〔附錄(一)〕	■	■						
心智圖〔附錄(二)〕	■							
規劃企劃書主題	■	■	■					
分配工作		■						
重點整理		■	■	■	■			
編列預算			■	■	■			
流程表				■				
討論可改進事項			■	■	■			
APP 設計		■	■	■	■	■	■	
完成企劃書							■	

六、工作規劃及組員責任分配表示意圖

組員	負責的工作	聯絡方式
柳曉雯	規劃活動流程	123KB19@mingdao.edu.tw
王小羽	企劃書撰寫	123wkpowkpo@gmail.com
董小婷	企劃書撰寫	123ja@gmail.com
游明嘉	協助 APP 製作	123mo@gmail.com
許明佑	排版、美編	123sa@gmail.com
石明州	規劃活動流程	123asd@gmail.com
吳曉威	APP 製作	123way@gmail.com
（以上資料涉及個資，故用化名）		

七、預算表（第一次舉辦：寒假一個月活動期間）

支出		收入	
項目	金額（TWD）	項目	金額（TWD）
APP 維修費用	500／月	APP 廣告營收	1,000／月
社群網站廣告費	500／次	U-bike 30分鐘後	每人每次20／時
傳單印刷費	1,000／次	公車 10 公里後	2.5／公里
報刊雜誌刊登費	10,000／月	店家營收總和	80,000／月
公車側身廣告	6,000／月	政府補助	100,000／次
公車車背廣告	2,500／月		
公車車內廣告	500／月		
禮券印刷費	1,000／本		
總計（略估）	22,000／每單位	191,022.5／每單位	
總營收：收入－支出＝169,022（略估）			

八、活動宣傳海報

「臺中在地美食」大會串──
我的專屬美食 APP

◎ 活動時間：2019/1/19～2019/3/2 暑假

◎ 活動地點：臺中市北區

◎ 活動對象：全臺民眾，若是臺中市民參加可享有專屬優惠

◎ 活動內容：此活動會有專屬APP，主要功能有資訊提供、定位方式及店家訊息與多重優惠等等。

◎ 主辦單位：國立臺中科技大學

◎ 承辦單位：國立臺中科技大學資訊管理系

◎ 協辦單位：相關企業、廣告商、募資平臺

◎ 指導單位：臺中市觀光局

◎ 活動好康：響應節能減碳愛地球，若能使用本活動 APP 提供資訊搭乘大眾交通工具，另有優惠好康。

九、附錄

（一）用九宮格為小組討論工具

「臺中在地美食」大會串——
我的專屬美食 APP

時間地點	交通工具	推廣方式
參加人員	臺中在地美食	消費方式、經驗
APP	行前準備	目標

（二）用心智圖為小組討論企劃書重點筆記

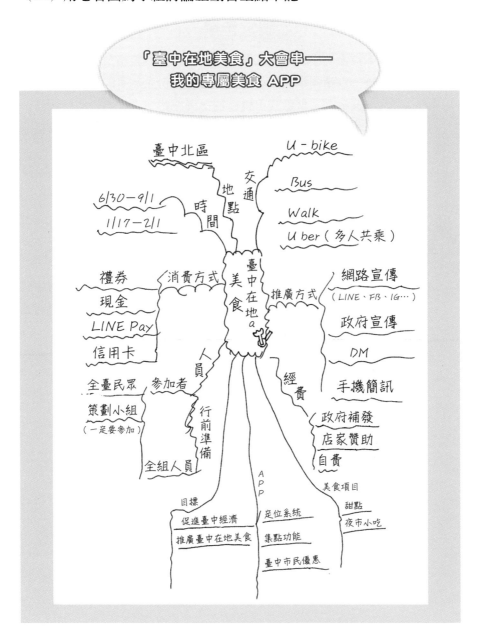

課堂作業

　　閱讀完本章節〈小組共寫活動企劃書——用九宮格及心智圖〉及企劃書範例後，也請同學們以小組方式進行一份企劃書的撰擬，並以兩個九宮格（擴散式、聚斂式）進行討論與紀錄。之後再以心智圖方式繼續延伸出企劃書相關內容的討論。最後再回頭修正聚斂式九宮格內容，並請組員們在九宮格上面確認自己負責的工作內容。

 延伸閱讀

1. 胡雅茹《九宮格思考法：水平＋垂直＋多層次運用，兼具廣度&深度的曼陀羅九宮格思考法》，晨星出版社，（臺中市：2017年9月初版）。

2. 陳國欽、孫易新《職場五力成功方程式：跨國企業高階主管教您運用心智圖思考創造百億業績》，商周出版社，（臺北市：2015年7月初版）。

Chapter 11

個人履歷自傳寫作
——以焦點討論法組成專家小組

　　個人履歷自傳在求學、求職過程中是一個重要的敲門磚，可以帶領我們進入一個新的領域，個人履歷自傳不只是用文字自我介紹而已，而是進入一個專業領域前的重要能力，必須透過文字在這群專業人士面前介紹自己，並希望這群專業人士接受自己，讓自己順利進入這個學群或企業單位。

　　本章〈個人履歷自傳寫作——以焦點討論法組成專家小組〉特別著重在找對投擲履歷自傳的目標，並為此目標量身打造個人履歷自傳，以提升自己在個人履歷自傳的專業敘述。

　　本章分為兩節，第一節先介紹多數人寫履歷自傳的盲點，第二節介紹ORID焦點討論法，並組成專家小組，完成一份專業性的履歷自傳。希望讀者閱讀完本章節後，能為自己的履歷自傳增加專業度的論述，並順利進入自己心中理想的學校或企業單位。

　　焦點討論法 (Focused Conversation Method) 又可稱作ORID討論法，可有效幫助我們將腦中發散的想法逐漸收斂聚焦，總結出想要的結果，或是決議出行動的目標。

　　焦點討論法可用在小組討論上，讓組員討論時有良好的架構，從多元角度看待一個題材，可以貢獻各自的想法。不過在討論前，組員們應該要清楚這次討論的目標為何，並且設計好討論的題目，讓組員們願意一起貢獻想法、努力參與，才能讓思考流程更加有意義。

　　焦點討論法也可以運用在個人思考與決策上、它可以幫助我們思考自己對一件事情有何具體觀點，也可以用來幫助我們理性地為下年度訂下新計畫，或是業務人員要為自己訂立新的績效目標，焦點討論法都是一個絕佳的思考模具。

　　現在我們就嘗試以小組討論方式，將焦點討論法運用在履歷自傳寫作上。

一、撰寫履歷自傳的盲點

　　根據 1111 人力銀行網站調查指出，46％的畢業生不會寫履歷自傳，但是低於5％知道自己履歷自傳有問題。也就是說大部分的畢業生在求職前對如何撰寫履歷自傳應徵工作，沒有太多概念，大都是先用Google找履歷自傳範本，直接套用格式，填上自己的基本資料，在過程中常導致錯誤百出而不自知，除了出現太多地雷區而被淘汰外，太過制式化的履歷自傳也很難打敗競爭者，脫穎而出。

　　為了改善這些問題，一般人會將自己寫好的履歷送到達人專家面前，請他們幫忙做履歷自傳的健檢，但這麼做的缺點是頭痛醫頭，若要深入根源、解決問題，還是要學會如何寫一份符合自己專長、特色的履歷自傳才是王道。

二、同儕團體深入根源，共同撰寫

　　從Yes123求職網的調查發現，企業認為求職者的自傳內容須改善的地方如下圖：

1. 缺少對工作的想法	47％
2. 看不出個人特色、優勢	46％
3. 套用範本	44％
4. 內容多與工作無關	33％
5. 缺少技能、專長的描述	25％

　　根據上述情況，畢業生寫的履歷自傳會出現這些問題，可以分成幾個面向來討論：1.對履歷自傳格式不清楚。2.對自己專長、特色該如何呈現不清楚。3.對所要應徵的企業與職位的相關資訊與應徵重點不清楚。

　　以上三個面向的問題就屬第一個面向最容易解決，只要上網多找幾份與自己要應徵的企業與職位相似的履歷自傳範本，多方比較後，選取最適合自己使用的格式參考即可，但是第二與第三面向的問題最棘手、也最難處理，這個問題最容易出現在對自我職涯茫然的畢業生身上，這群對自我職涯茫然的應徵者若想要內外兼修，寫出合宜的履歷自傳，首先就要清楚適合自己應徵的企業與職位為何，再從業界管理者角度出發，才能寫出凸顯自己專長特色的履歷自傳，並說服管理階層錄用。

　　為了達成上述目標，對自我職涯茫然的應徵者應該要先走出侷限自己思想視野的洞穴，透過同儕團體共同調查、討論、共學後，找出符合自己專長與能力的企業與職位，根據此目標對象量身訂做、打造專屬的履歷自傳，凸顯自己最符合此職位的專長特色與相關經歷。在此要特別提醒應徵者避免投遞履歷應徵工作時，以一份相同內容的履歷自傳同時投遞數十家企業，無的放矢的結果就是所有投遞出去的履歷都石沉大海，沒有收到任何面試通知。

(一) 認識洞穴寓言，走進真實職場

　　洞穴寓言是蘇格拉底著名的理論，故事內容是這樣的：在一個地下洞穴裡，有幾個囚犯，他們從未走出洞穴，沒見過陽光，也從未在真實世界生活過，他們因為被捆綁著，所以只能看到洞穴前方的牆壁，不能轉身，更不能回頭，當然，他們看不到背後是洞穴的出口，他們也看不到自己和其他囚犯。

　　囚犯身後有一把火炬熊熊燃燒著，因此囚犯會看到火炬的亮光映照在牆上，形成搖搖晃晃的影子，同時，在囚犯身後有幾個人正來回穿梭著，他們一邊搬運物品，一邊聊天。

　　因為火炬的光影，囚犯看到了洞穴牆壁上有來回移動的影子，當搬運工說話時，洞壁裡產生了回聲效果，讓囚犯感覺好像是牆壁上的影子正在

對自己講話。洞穴中的囚犯於是把這些影像當作另一種生物,並把所有發生的事情理解為是這些生物的行為,囚犯們還試圖從這些影子中找出一套規律,預測接下來可能發生的事情。

這時如果鬆綁一名囚犯,讓他親自走向出口,看見光源、看見影子的原型,這個囚犯一開始可能會在強光刺激下無法適應,產生錯亂,再與過去熟悉的光影對比後,眼前真實世界的一切可能會讓他錯愕痛苦,他甚至會希望重新走回自己習慣的位置,而不願相信眼前陌生卻真實的世界。但是囚犯若是肯多花點耐心和時間,勇敢離開洞穴,走到寬廣的真實世界,去看璀璨的陽光,去適應眼前的新事物,去認識光影的原理,他就會知道牆壁上的影子和洞穴的一切是怎麼回事,當囚犯有了這些經歷和認識後,他就會明白自己過去的謬誤,也肯定不願再回到洞穴去了。

蘇格拉底藉由這個寓言故事,告訴人們離開自己充滿謬誤又僵化固著的慣性思維是困難痛苦的,唯有耐心、勇敢走出自己慣性思維,才能看到世界真實的樣貌。

同樣的,很多對自我職涯茫然的應徵者就像是洞穴中的囚犯,總是用僵化錯誤的思維在面對職場狀態,唯有幫助這群求職者走出自我侷限的洞穴,看清真實的求職環境,才能正確寫出一份適宜的履歷自傳,以此為敲門磚,為自己敲開職場大道,順利進入職場就業。

「焦點討論法」是一個快速有效的方法,讓我們試著鬆綁開原先的慣性思維, 看清自己真正的實力及就業市場的本來面貌。

(二) 焦點討論法

「焦點討論法」(Focused Conversation Method) 又稱ORID,是由Joseph Mathews提出。

「焦點討論法」源自二次世界大戰,一位歷經各大戰役的軍中牧師──約瑟・馬修 (Joseph Mathews) 所發明。戰後的約瑟一直希望能幫因為戰爭之痛,又無法表達情緒創傷的退役士兵們走過這段生命低谷,卻苦無方法,直到他和一位藝術教授聊天時,教授告訴他,欣賞藝術是一種三方對話, 由藝術品、藝術家和觀賞者進行的對話。這個觀念與當時馬修

正在閱讀的十九世紀丹麥哲學家齊克果 (Søren Kierkegaard) 的想法不謀而合，馬修決定用此觀念來創造出一種對話形式，並在他的教學社群中進行實驗，實驗成效卓著，而這些歷程經過整理修正後，就是後來的焦點討論法。

ORID分別代表四個層次：Objective Level（客觀性層次）、Reflective Level（反映性層次）、Interpretive Level（詮釋性層次）、Decisional Level（決定性層次）。

1. 客觀性層次 (Objective Level)

「客觀」性層次指的是可以直接讓我們觀察到的外在現況與資料，包含具體的事實、現象、人事物等，通常與我們的感官有關，例如：看到、聽到、摸到。此層次要能呈現出真實的問題。

2. 反映性層次 (Reflective Level)

「反映」性層次指的是當我們聽到、看到客觀資料後，立即出現的反應和內在回應。此層次的問題通常與我們多年來所累積的經驗、內在感受、心情、回憶或聯想密切相關。

3. 詮釋性層次 (Interpretive Level)

「詮釋」性層次指的是我們對於情境與反應所賦予的意義和目的，這通常涉及到當事人的價值觀，及觸發團體成員共同思考各種可能或選擇。透過問題當媒介，邀請團體成員為問題找出客觀資料，一起創造出意義並找出重要性。

4. 決定性層次 (Decisional Level)

「決定」性層次指的是團體成員已經形成某種決定，並結束討論，而這個結論是經過大家運用前幾個層次的資料所做出的選擇，這個選擇可能是長期、短期的決定，也可能牽涉到共有的承諾或具體的行動。

Objective	Reflective	Interpretive	Decisional

O 客觀事實	R 感受反映	I 意義價值	D 決定行動
• 觀察外在客觀事實 • 重要資訊為何？掌握相關重點	• 喚起內心感受 • 釋放情緒與感受	• 釐清感受與經驗 • 從中領悟與學習了什麼？	• 擬定改變策略與行動方案 • 尋找資源與支持系統

(三) 小組運用焦點討論法寫履歷自傳（以會計系畢業生為例，一組四個人）

對自己職涯發展較被動的職場新鮮人，就像是洞穴寓言中的囚犯，看到、理解到的現象不見得是真實的職場環境，若在此時還不積極找尋可靠支援系統，往往畢業後就面臨求職第一關就卡關的窘境。我們以焦點討論法突破困境。

第一階段

組成一組四個人的小組，形成工作圈，「焦點討論」方法如下：

O 客觀事實	R 感受反映	I 意義價值	D 決定行動
• 在求職平臺蒐集（會計系）相關職缺，包含企業、職位，以及可參考的履歷自傳範本等資訊 • 職缺中要求的能力與資歷為何？薪資與福利為何？	• 調查完畢後內心有何感受？ • 哪些是自己能勝任？哪些是還差一點點？需要怎麼補足？	• 從中找出與自己相符合的目標對象（可應徵的企業與職位） • 盤點自己與目標對象相關的能力、經歷及相關證明（證照、相片）	• 擬定改變策略與行動方案 • 尋找資源與支持系統 • 著手為自己的目標對象寫一份履歷自傳 • 組員各自完成後，由小組共同討論修改

第二階段

在求職平臺蒐集相關職缺，每個組員都要找到一份最適合自己應徵的「會計類」職缺，並畫上自己所理解的職缺重點，包括：工作內容、應徵者所具備能力。

御寶貝餐飲有限公司

誠徵：行政會計

工作內容：

1. 一般行政工作、主管交辦事項
2. 文書管理：資料 key in、列印、整理、維護、更新
3. 工作行程及會議之準備、安排、參與、紀錄及行事曆管理、排定
4. 公文、郵件收發及寄送
5. 接聽客戶來電
6. 庶務管理、會計帳務報表

　上班時段：07：30～17：30

　薪資待遇：月薪28,000至30,000元

第三階段

每個組員畫好職缺後，輪流給其他三位組員看，檢查是否有理解錯誤，或是組員提出相關建議。小組討論完畢後，請組員們再各自蒐集一份會計類履歷、自傳範本，共同討論要如何增刪、修改，設計出屬於自己的履歷自傳模組，最後再請每位組員根據自己要應徵的企業職務，寫出可投遞的專屬履歷自傳後，再輪流給其他三位組員看，是否有理解錯誤，或是組員提出相關建議。方法如下：

履歷表

		民國○年○月○日
應徵職務：行政會計		照片
中文姓名：李明美	英文姓名：May Li	
性別：女	出生日期：○年○月○日	
出生地：○市	婚姻狀況：未婚	
通訊電話：○○–○○○	手機號碼：○○○○–○○○	
E-Mail：○○○@○○○	備用E-Mail：○○○@○○○	
通訊地址：○○○○○○	戶籍地址：○○○○○○○	

學歷：
國立臺中科技大學會計系、國立臺中家商應用英語科

幹部與社團經歷：
1.○年～○年國立臺中科技大學會計系總務股長
2.○年～○年國立臺中科技大學炬光社總務長
3.○年～○年國立臺中科技大學學生會出納長

職場經歷：
1.○年～○年○○餐廳，擔任會計（計時人員）
2.○年～○年○○會計事務所，擔任助理（全職人員）

專長：
1.記帳庶務
2.稅簽調節表作業
3.電腦文書管理
4.行政祕書事務

證照：
1.全民英檢中高級
2.TQC 專業文書人員檢定
3.CWT 全民中檢
4.EEC 企業電子化人才能力鑑定

李明美自傳

家庭背景：（簡單介紹生長環境，強調對做人做事的影響）

　　明美家中共有五個成員，明美為家中么女，父親、母親共同經營五金買賣生意，大姊為銀行員，二姊為團膳公司主管。父母親雖然忙於事業，卻對三個女兒的教育從不馬虎。看著每位家庭成員辛苦為這個家的付出，讓明美從小就養成獨立自主的性格，要及早對自己的人生和未來負責。

求學時代：（不寫流水帳，只記述重要的轉折及對日後職涯的影響）

　　明美求學時期就讀臺中家商應用英語科，因學校課程安排下，有機會接觸會計基礎課程，因而開始對會計知識產生興趣，畢業後順利考取臺中科技大學會計系，大學四年期間，除在班上擔任總務股長，亦曾擔任炬光社總務長及學生會出納長，舉凡班費、社團經費、收支、大小金額存款與放款、記帳庶務等，都是明美負責的工作項目，也因此奠基了會計記帳基礎。

經歷&績效：（描述相關工作經驗，並說明在工作中的學習與績效）

　　在工讀經驗方面，明美於放學後及寒暑假期間至餐廳打工，擔任會計一職，因表現良好，在職期間獲得上司的賞識，是店內主管重要助手。明美就學期間除了充實必修學識外，也大量考取相關證照，如：全民英檢中高級、TQC專業文書人員檢定、CWT全民中檢、EEC企業電子化人才能力鑑定等相關專業證照，以利未來往會計及管理階層發展。

職涯經歷：（串聯之前工作經驗，表述對這個行業的愛好及未來學習）

　　明美畢業後在會計事務所擔任助理相關工作兩年，工作內容主要是記錄及彙總交易產生的原始憑證，登錄會計系統製作傳票，申報營業稅、營業所得稅以及開立扣繳或免扣繳憑單等稅務工作，並配合協助會計師進行稅簽調節表作業。在職期間培養了對數字的敏感度，對作帳及稅務部分也十分熟悉，養成了會計人才該有的細心謹慎及耐性。但因公司規模不大，明美希望能到更具規模的公司學習，因此萌生轉職念頭，想讓自己在不同的領域學習更多經驗與新知。

應徵理由與自我期許：（闡述對方企業的特色、優勢及與自己的專長優勢可結合之處）

　　貴公司在餐飲市場擁有強大的影響力，市占率與市場評價都很高，近幾年在海外市場拓點大有斬獲，而且對員工的在職訓練完整、升遷管道順暢，是一個制度完善的企業，深信這樣的環境可讓員工樂在工作，創造雙贏。

　　若未來明美有機會進入貴公司，必會憑藉餐飲、會計跨領域之專業素養、職場經驗與細心謹慎及好學精神全心投入相關職務，明美有自信可以勝任愉快，由衷期盼能成為貴公司的一分子。

課堂作業

　　閱讀完本章〈個人履歷自傳寫作——以焦點討論法組成專家小組〉及個人履歷自傳範例後，請同學們組成專家小組，先從104或1111等求職平臺搜尋自己能投遞的公司企業職缺，並好好研讀此份徵才內容，研究哪些是自己已具備的能力、哪些還不太足夠、可以用哪些經歷作為補充。之後再請每個組員仿照小組方式，自己找一個有興趣、符合能力的徵才資訊，為這份徵才內容寫一份可以投遞的履歷自傳。

延伸閱讀

1. 史坦菲爾著／陳淑婷、林思玲譯《學問：100種提問力創造200倍企業力》，開放智慧引導科技，（臺北市：2010年2月初版）
2. 喬・尼爾森著／屠彬譯／任偉校《關鍵在問——焦點討論法在學校中的應用》，中國教育科學出版社，（2017年）

Chapter 12

水平思考、職場人際應對與通訊禮儀

　　說到水平思考就要一併討論垂直思考，當我們覺得一個人說話很直、做事不會轉彎，其實說的就是這個人偏向垂直式思考。若說到另一個人可以天馬行空，還有源源不絕的創意，遇到事情總是能隨機應變、化險為夷，那就是我們本章要介紹的水平式思考。

　　不過在職場上這兩種能力缺一不可，像是職場通訊禮儀、職場文書寫作部分，許多內容就是需要符合制式規定，無法展現太多個人創意。而職場上若是太一板一眼，完全依照標準模板，在人際關係上又會障礙重重，因此本章分為兩節，第一節介紹水平思考內容及運用，第二節介紹職場通訊禮儀，希望同學可以同時了解垂直思考與水平思考的運用時機、方式，在面對職場上瞬息萬變、詭譎難測的人事物時，仍然能冷靜應對。

一、水平思考

　　「對！就是這樣！我怎麼沒想到呢？」資訊、資料之前都備齊了，人脈、經驗也都足夠了，為什麼遇到問題時自己就是無法提出這樣的好點子？上述心情相信很多人都經歷過。思考大師狄波諾認為我們可能太習慣用舊式思維、直線邏輯式思考在面對問題了，為此，他提出了「水平思考」！

(一) 主要內容

　　英國學者狄波諾 (Edward de Bono) 於1967年出版《新的思考：水平思考的應用》(*New Think: The Use of Lateral Thinking*) 一書後，水平思考 (Lateral Thinking) 開始廣為流傳。

　　水平思考是針對垂直思考而言的另一種截然不同的思考方式。垂直思考 (Vertical Thinking) 是一種傳統的思考方式，顧名思義是由某項主題向下或向上做一種線性關聯的延伸性思考，每個思考概念息息相關，因此極具邏輯性，具有分析、判斷、證明等相關問題，或想對原有問題做更深入研究時適合用垂直思考。

1. 水平思考是發散性思考

　　水平思考是發散性思考，以某項主題為中心向四周延伸，聯想出各種相關聯事物，因此水平思考可以跳脫舊思維、觸發新點子，在陷入僵局時，需要以多面向看待事情時，最適合用水平思考去思維問題。

2. 水平思考可藉由後天訓練養成

　　水平思考和創造力密切相關，兩者都是可以藉由後天訓練而成。狄波諾在《應用水平思考法》(*Lateral Thinking*) 中也明確說明水平思考是「可以透過學習、演練和應用，就像學會數學或邏輯技巧一樣的能力」。

3. 水平思考與垂直思考應互補使用

水平思考與垂直思考是互補互存的問題解決能力。狄波諾在《創意有方》(*Lateral Thinking for Management*) 中說道：「若在思考的第一階段能善用水平思考產生出好點子，就能讓第二階段的思考變得更容易，就像射擊前對目標瞄得愈準（第一階段水平思考），就愈容易打中靶心（第二階段垂直思考）。」

4. 巧妙組合資訊導出方案再印證

解決問題前要先有效率地蒐集相關資訊，詳細閱讀資料後，再嘗試將各種方案進行巧妙地組合，導出各種方案後再選一個最適合的方案，將此方案在現實生活中用邏輯思維檢驗看看是否合理可行，千萬不能在沒經過現實與邏輯思考檢驗時，就貿然使用水平思考法想出的創新點子，怕會帶來更多意想不到的副作用。

(二) 水平思考與垂直思考比較

1. 狄波諾 (Edward de Bono) 提出的例子

有幾個大人在逗著一個5歲小男孩玩，有個大人拿來兩個小袋子，裡面都放了硬幣，讓小男孩從兩個袋子裡選硬幣帶走，其中一個袋子裝的是體積較大的「一元」硬幣，另一個是體積較小的「兩元」硬幣。

小男孩在兩個袋子前晃動一下小腦袋，猶豫了一下就選了前者，大人們看了都哈哈大笑，還經常用同樣的遊戲逗弄小男孩，而小男孩似乎老是學不聰明，每次不論站在袋子前多久，最後拿的都是那個較大的「一元」硬幣。

有個好心的大人看到這一幕，忍不住把小男孩拉到一旁，小聲告訴他「選另一個袋子，裡面那個兩元銅板比較值錢。」小男孩聽完後很有禮貌地回答「我知道啊，但如果我選了兩元銅板後，他們還會經常讓我玩這個遊戲嗎？」

■垂直思考式思維

　　第一次就拿到比較多的錢，選了體積較小的「兩元」硬幣。但只有拿到一次。

■水平思考式思維

　　第一次拿體積較大的「一元」硬幣，大人覺得好笑就一直讓他玩這個遊戲，於是他拿了無數次體積較大的「一元」硬幣。

2. 文學上的例子：湯姆刷油漆（馬克‧吐溫《湯姆歷險記》）

　　湯姆因為太頑皮惹禍，姨媽怒氣沖沖，要湯姆下午不准出去和其他孩子玩耍，必須將圍牆重新刷上油漆，當成是頑劣行為後的處罰。

　　湯姆望著長長的圍牆，大大嘆了一口氣，這下不但要做苦工，還會因為這件事被附近的玩伴嘲笑。不久後，有個孩子好奇地往湯姆這邊走過來。

　　湯姆忽然想出一招。他一邊哼著歌，一邊努力刷著油漆，假裝很開心，好像刷油漆是件榮譽又開心的好事，不久後吸引一群小孩圍觀，湯姆以驕傲的口吻說：「村裡還有哪個男孩像我這麼幸運，能被賦予刷牆這麼高等的任務啊？」

　　有個大孩子被燃起滿滿的興致，忍不住說：「喂，湯姆，讓我來刷刷看！」

　　湯姆搖搖頭，更認真地刷著，還說「噢，不行，姨媽要求很高，一定得刷得非常細心。沒有幾個小孩有本事刷這面牆。」

　　另一個大孩子用懇求的語氣說：「我會很小心、刷得很仔細。我把蘋果給你，拜託讓我來試試吧！」

　　湯姆愈不想讓別人刷，孩子們反而愈想刷！湯姆靠著重新定義油漆這個價值，竟成功讓一群孩子一個一個拿出身上的好東西，交換刷油漆這個特別的體驗，湯姆不但不用花費自己的時間、勞力，不用被嘲笑，還讓這群孩子拿一堆好東西懇求湯姆讓他們刷油漆。

■垂直思考式思維

湯姆利用星期日大家上教堂做禮拜的時候趕緊把油漆刷完，就能避免被其他孩子嘲笑，但是還是要靠自己完成苦差事。

■水平思考式思維

重新定義刷油漆這件事，提升刷油漆的價值與榮譽感，讓其他孩子自願幫忙，甚至願意提供好東西交換「刷油漆體驗」及得到刷油漆的榮譽感。

3. 網路流傳的面試考題

在暴風雨的夜裡，你開著一輛雙門跑車，經過車站時，有三個人正在焦急地等公車，三個人同時向你求救，你該怎麼辦？

一個是病危的老人，需要馬上去醫院。

一個是曾救過你命的醫生，你總是心心念念想報答他的救命之恩。

還有一個是你的夢中情人，錯過這次接送她的機會就不會再有下次了。

你該怎麼辦？

■垂直思考式思維

硬是從三個選項勉強選出一個，不管選擇哪一個都有遺憾，都覺得不安。

■水平思考式思維

把車鑰匙給醫生，讓他開車載老人去醫院，自己就留下來陪夢中情人一起等公車！（用水平思考突破僵局，三個人都被照顧到。）

課堂作業

(一) 思考狀況並解決問題

1. 狀況

　　某新訓中心接到家長投訴電話，投訴內容是：新訓中心都欺負新人，讓他們吃冷飯，有人吃了肚子不舒服，還有人吃完胃痛。

2. 找出策略

　　接到投訴電話後，長官請幾個幹部開會討論怎麼處理此則客訴。經過一番熱烈討論後，有人提出輕鬆解決問題的點子：

- 不能吃冷飯，那就來吃熱飯！
- 找這幾天中午豔陽高照時，大家進到餐廳吃飯時把冷氣、電風扇都關掉，讓大家一起吃「熱飯」！

3. 執行前的檢驗與思考

- 若以垂直思考，會怎麼解決問題？
- 上述方法是否為水平思考？為什麼？
- 先用邏輯思考，用上述策略解決問題會帶來什麼結果？

(二)用水平思考為職場霸凌解圍

　　根據《遠見雜誌》調查，許多行業有學長學姊制，例如：軍人、空姐、護士、金融業、演藝圈。學長學姊制原本是一項美意，在一個互助的基礎上，讓職場新鮮人能從學長姊那邊得到更多的協助與建議，有效率地完成職場任務。

　　但卻有許多資深學長姊仗勢著自己對職場的有力資源，使用特權任意指使職場新人做額外的事務，若稍有不從還會有言詞攻擊，這就造成了職場霸凌。

　　想要在職場上獲得升遷機會，除了忍辱負重尊重前輩外，還有其他辦法嗎？以下有狀況1和狀況2，都是職場禮儀與應對相關議題，

請同學們小組討論，面對以下狀況，如何用水平思考處理職場言語霸凌問題，甚至面對八卦王就是自己主管的窘境。

狀況1

　　女主管找妳進去她的辦公室，要跟妳好好聊一聊。

主　　管：妳最近忙什麼呀？

職場新人：還好，沒特別忙什麼。

主　　管：妳都不用忙喔，我花那麼多錢請妳來坐在那裡吹冷氣的嗎？看到妳做事漫不經心我就火大，妳看整個辦公室裡的人都忙翻了，就是因為妳閒在那裡沒生產力……

職場新人：？

狀況2

　　這是一個開放空間的辦公室，女主管找妳，卻不是到她私人辦公區，而是在整間大辦公室附屬的泡茶區公共空間，泡茶區常會有各個單位的人員來來去去，主管就坐在這裡的沙發區。

主　　管：說看看這個月妳做了哪些事？

職場新人：之前A公司的業務我已經完成到一半了，還有B公司的企劃案已經和負責的同事密切開會，一切都在掌握中，另外C公司我也會積極去拜訪，希望能拿下下年度的合作案。

主　　管：我前幾天看到公司尾牙照片，妳和妳男友坐在一起，妳男友看起來很「酷」欸，唉呦，我看了真為妳心疼喔，他是都沒把妳放在心上嗎？

職場新人：？

二、職場通訊禮儀

職場是一群人一起工作的地方，除了有制度、階層，也非常講求效率、利益和責任分工，因此在職場上除了專業能力，還需要人際互動能力。

專業能力有一定的工作手冊可以參照，而人際互動能力卻是「只可意會不可言傳」的個人修為功夫，職場新鮮人若不懂職場互動能力，在職場中得罪了公司同事或協力廠商，就會影響自己在職場的人脈資本、職場升遷，還會讓自己的部門受到傷害，更有甚者是讓自己隸屬的公司形象遭受重大損失，不可不慎。

(一) 從職場禮儀、職場倫理到法律規範

職場人際互動能力可用三個層次說明：職場禮儀、職場倫理、法律規範。

1. 職場禮儀

一份完整的職場禮儀清單，至少包含八個領域，例如：溝通、餐桌、穿衣、會議、通訊、社交、電梯和走路等。這些都是職場基本必備的禮儀知識，基本上都大同小異，但還是需要依照職業的專業類別，與所遇到的情境做靈活調整。本章節就介紹兩個職場禮儀的大原則。

(1) 己所不欲，勿施於人

職場禮儀就是在職場上人際互動的相關禮節，有一句古老話語「己所不欲，勿施於人」就是一個簡單的自我檢核準則。對上司、下屬、同等級的工作夥伴、公司外協力廠商、業務往來的公司都適用。用這句話提醒自己現在要做的事、說的話，若換個立場，由別人對自己說、對自己做，會不會讓自己心裡不舒服，或是帶給自己不必要的麻煩，答案若是肯定的，那就千萬不要用說這些話、做這些事。這就是職場禮儀的第一步。

(2) 在情理法範圍內，用對方喜歡的方式與他互動

另一個更高階的職場禮儀就是在符合情理法，自己又能力所及的情況下，「用對方喜歡、習慣的方式與他互動」，譬如主管喜歡早餐會報，同事們也習慣提早到達公司吃早餐的情況下，可以考慮下次開會時用早餐會報的方式進行，或是上司喜歡迅速有效率的開會方式，那自己就盡量把要報告的內容精簡、精練，開會時盡量不要講不相關的內容，或是主管開會時容易累，又不能喝含咖啡因飲料，就要注意提供什麼適合的飲料給他。

職場禮儀，不只要注意到「己所不欲，勿施於人」，還要以關心、貼心、細心為出發點，為對方提供一個量身訂做的方案，為對方營造出一個適合且喜歡的互動方式。

2. 職場倫理

職場倫理介於職場禮儀與法律規範之間，比職場禮儀更具體、更明確，又比法律規範更親切容易。職場倫理涉及了個體或所隸屬之群體對價值、行為的是非判定，讓職場人士清楚知道自己在職場中應該遵守哪些規範、準則。

職場倫理標示出職場人士在做決策時應該遵守的最低標準道德規範，不過不同的專業領域牽涉到的職場倫理也會有些微的差異。

3. 法律規範

法律雖然有明確條文說明員工該遵守的相關規範，若違反法律條文就有明確裁罰規定，但法律規範除了需要舉證外，還有曠日廢時及灰色地帶多，相對麻煩且複雜，因此在職場上會先加強員工的職場倫理，除非萬不得已，才會走上法律規範。

(二) 職場通訊禮儀

一份完整的職場禮儀清單雖然有八個以上的領域，不過餐桌、穿衣、電梯或走路禮儀較屬於個人風格，在職場人際互動比較不會帶來立即的殺傷力。而溝通、會議、通訊、社交等部分關係到自己在公司、組織中是否

會因為回應不得體而立刻得罪人，甚至帶來糾紛，可謂茲事體大，本章節就以工作社群之溝通文書為主要討論範圍，一起探討職場簡易文書禮儀。

　　數位潮流席捲而來，提到「職場文書」，一般都會想到文書處理軟體工具，如：Word、Excel、PowerPoint等，這些電腦文書處理軟體適應功夫，若能使用純熟，可以大大提升工作效率，但是在職場上卻有一種軟實力被忽略了，那就是文書往來時的書信禮儀，本章節的重點在於職場書信往來的禮儀，包含：留言禮儀、通話禮儀、書信禮儀。

1. 留言禮儀

　　傳統上的留言會用便條紙、名片背後空白處拜訪後留言，現在資訊發達，會用通訊軟體留言，如：LINE、Messenger等。

　　不管用何種方式留言，一定要注意到既然是留言就是無法用面對面交流與對話，看不到表情，也無法揣測對方心情，甚至自己所使用的也是沒表情、冷冰冰的文字，如何透過留下的文字表達出自己要傳達的意思，非常重要，也非常不容易。本章節會介紹幾種通用的簡易方式，方便自我查核。

(1) 留言時間點

- 盡量在早上八點以後，晚上十點前
- 確認對方是否有收到、讀到自己的訊息
- 若超過一天有顯示已讀卻沒有回覆，可以再措辭懇切地詢問一次
- 若超過一天顯示未讀未回覆，就要嘗試用別的方式找對方了

(2) 確認留言是否有其他人看到

- 確認自己的留言是只有對方看到，還是會有其他人也可以看到
- 自己的留言若是被截圖後讓其他人看到時，會不會有哪句話不恰當，有引起誤會的疑慮

(3) 留言內容

- 禮貌性自我介紹
- 簡單扼要說明此則留言的目的
- 提供對方幾種簡易的方式做回應
- 提供對方下次聯絡的時間或方式

(4) 留言範例

> 王院長您好，
> 　　我是○○大學通識教育中心國文科老師黃莉莉，配合高教深耕計畫，想邀請您蒞臨本校演講，若看到訊息煩請回覆，或留下您其他方便連絡的方式、時間，相關細節再向您請益。
> 　　另外，
> 　　我其他的聯絡方式是：E-mail：as112**@gmail.com
> 　　　　　　　　　　　　手機：0912333323

2. 通話、對話禮儀

　　用通訊軟體文字對話很容易引起雙方不耐煩的情緒，因此文字禮儀就顯得相當重要，要用通訊軟體與職場夥伴對話前，不妨先用以下表格自我提醒：

(1) 通話軟體使用禮儀

- 通訊軟體照片用自己的職場照片，顯示的名稱用自己的全名，若能加上自己的職別，更方便商業溝通
- 盡量用文字訊息，不要為了自己方便就用語音留言，更不要未經同意就突然撥打電話過去，必須考慮對方當時是否能接受這樣的溝通方式
- 看完訊息若還需要思考，無法馬上回覆意見，可以先告知對方「思考後回覆您」、「請容我思考後再回覆您」，不要讓對方看到已讀不回，造成對方心裡有疙瘩
- 不要未經對方同意就擅自截圖，將雙方對話內容傳至其他聊天群組，這樣很失禮，也是極不尊重對方的行為
- 對方若傳照片、檔案確認下載期限，不要過了期限無法下載，再去麻煩對方再傳一次，不但沒有禮貌也顯示自己的輕忽草率

(2) 通話軟體對話禮儀

- 注意自己與對方的關係是上對下、平行關係還是下對上，要使用適合關係的敬詞、語句，不要逾越自己的職場輩分
- 語句不要太簡短，太簡短會像上司對部屬說話，可適時地加上表情符號
- 不明白對方意思時要再禮貌性確認、核對

(3) LINE工作群組的對話討論

　　下列表格是LINE工作群組的對話，請同學思考誰的留言適當、誰的留言有進步空間，你建議怎麼修改呢？

閱讀與思辨課程黃助教

> 老師們 早安～
> 　　110-2學期「閱讀與思辨」課程教案分享會將於2/17（星期四）15：30～17：30舉行，地點在「圖書館4樓第一會議室」。請老師們踴躍參加！
>
> 　　祝
> 教安
>
> 閱讀與思辨課程 黃助教 敬上
>
> 　　　　　　　　　　　　　　　　　110/2/10

何老師助理

> 收到，謝謝黃助教通知，辛苦了！

楊老師助理

洪老師助理

> Ok 可

課堂作業

　　你是○○大學國文系王教授的助理，負責處理王教授課程、會議相關事務。寒假結束前兩天，學校大一國文課召集人李教授在大一國文老師的LINE群組發布開會訊息，要所有大一國文老師在2/15（星期二）早上10:00開線上會議。你確認過王教授當天要出席學校另一場主管會議。身為王教授助理，你會怎麼處理此事呢？為什麼？

訊息提示與思考：

1. 王教授授權請你在LINE社群請假，並給你學校發的主管會議開會通知信函（可當請假佐證）。

2. 請擬一段要在LINE群組請假短文。

3. 請思考用這封佐證資料及請假短文，以LINE即時告知王教授大一國文會議不能參加時，要傳給誰？（可複選，並說明為什麼）

　(A) 內有18位教師組成的群組

　(B) 主任

　(C) 大一國文科助理

　(D) 同是好友的群組老師

3. 書信禮儀

　　職場書信等同於以書信中的文字代表個人及公司做溝通表達，表達方式的好壞，關係著對方對自己的印象、觀感及評價，也會影響後續的合作意願，不可不慎。

(1) 傳統書信
① 中式橫式信封

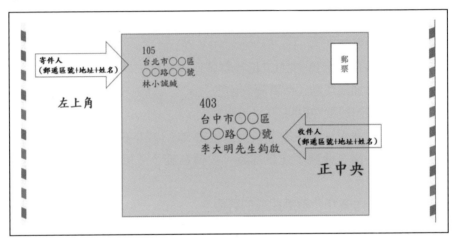

② 中式直式信封

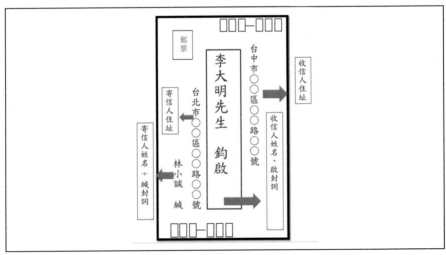

③ 國際郵件信封

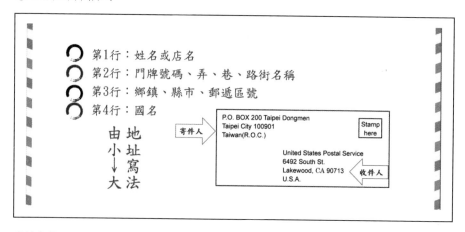

資料參考：https://www.post.gov.tw/post/internet/Postal/index.jsp?ID=21003

④ 信文格式

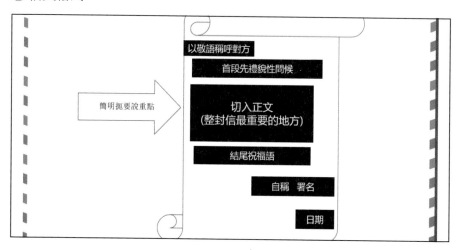

⑤ 信文內容範例

李經理 您好，
　　　正值歲末年終之際，感謝 貴公司這一整年來對本公司業務上的照顧。
　　　關於明年度的合作事宜，須要在近期內召開會議，在此要徵詢您時間上的建議，請 貴公司在本月(12月10日-25日)盡量多列出可以召開會議的時間，方便本公司安排相關會議事宜。
　祝
業務昌隆 吉祥如意
　　　　　元永昌機械 股份有限公司
　　　　　　秘書 葉曉倩 敬上
　　　　　　　　110年12月2日

課堂作業

　　請小組依據本章節課程內容，寫信給自己的導師，請他幫忙寫一封推薦信函，推薦你擔任學校通識中心的工讀生。此項作業信封及信紙皆須完成撰寫。

延伸閱讀

1. 愛德華‧狄波諾 (Edward de Bono) 著／許瑞宋譯《誰說輪胎不能是方形？：從「水平思考」到「六項思考帽」，有效收割點子的發想技巧》，時報出版，（臺北市：2021年2月二版）。
2. 楊正寬《應用文：公私文書寫作要領》，揚智出版社，（新北市：2018年10月六版）。

Chapter 13

六頂思考帽與存證信函寫作

　　讀者看到這個主題應該會覺得很困惑吧？六頂思考帽是創意思考法，而存證信函是與法律密切相關的應用文書，兩者感覺天差地別，怎麼能相提並論呢？其實兩者都是能有效解決現實生活中遇到的難題。透過六頂思考帽的創意思考法讓我們更彈性、更靈活的思考問題，才不會一開始就鑽牛角尖，走進死胡同，不過在現實生活中除了用創意思考問題外，涉及法律與實質利害關係時，還是需要基礎的法律知識去解決問題。

　　因此本章分為三節，第一節是六頂思考帽介紹，第二節是存證信函寫作介紹，第三節是遇到租屋問題時如何用六頂思考帽擬定策略，最後用存證信函解決問題。

一、六頂思考帽創意思考法

多數人會有固定的思考模式與行事作風，也因此常遭遇到相似的問題與困境，在外人看來問題不難，只要請當事人換個思考方式，問題自然迎刃而解。

如何在不得罪對方的情況下，邀請對方換個角度思考？「六頂思考帽」會是一個方便有用的創新思考工具，在更換不同思考帽的過程中，可以讓我們學習到如何換位思考，藉由換位思考的過程中慢慢會從單一、侷限思考的泥沼中解脫，體會到思考自由的樂趣，也同時讓自己慢慢找到解決問題的方法。

(一) 內容介紹

六頂思考帽 (Six Thinking Hats) 由愛德華・狄波諾 (Edward de Bono) 所提出，他是一位著名的心理學及哲學家，也是創造力及橫向思維的先驅，曾任教於牛津大學、倫敦大學、劍橋大學、哈佛大學。2007年時，愛德華・狄波諾被Thinkers 50入選為全球前五十名思想家。《六頂思考帽子》一書被翻譯成37種語言，暢銷於54個國家，全球銷售量達3,000萬冊！

六頂思考帽是一種換位思考方法，不同顏色的帽子代表不同的思考方法，分別有：紅色、白色、黃色、黑色、綠色、藍色。

・**紅色思考帽**：代表熱情、溫暖，也代表情感與憤怒。從人的角度出發，重視當下最真實的感受及反應，尊重當下情緒、感覺，以及對事物的直覺和預感，先不管是否合乎邏輯與理性。

・**白色思考帽**：中立而客觀。重視蒐集資訊後，幾分證據說幾分話，以客觀的數據找出證據，去分析事實與真相。

・**黃色思考帽**：樂觀、正面、前瞻性。從樂觀、希望與正面方向去思考事情，找出事情的優點、可取之處，可以緩解因消極、負面思考所帶來的壓力與絕望感。

‧**黑色思考帽**：保守、負面。抱著保守謹慎態度，對事物負面因素加以考慮、評估，從各方面找出事物的缺點與可能發生問題之處，避免衝動行事帶來損失。

‧**綠色思考帽**：代表創意與創造性的新點子。鼓勵發展出嶄新的構想，或是重新假設問題、定義問題後，再想新的解決辦法。

‧**藍色思考帽**：代表控制與組織。「藍帽」通常會用來做為議題思考與討論的開端與結尾，因為藍色思考帽適合用來管控思考與討論流程，並總結出最適合的執行方案。

(二) 使用方法

六頂思考帽是一種換位思考方法，不論是個人在面對困境難題時可以使用，就連團體開會時也可以使用六頂思考帽來幫助團隊成員凝聚共識、解決問題。接著介紹六頂思考帽的使用原則。

1. 簡單說明思考帽特質

會議主持人只要簡明扼要說明不同顏色思考帽代表的特性即可，不用花費太多時間與心思解釋各頂思考帽的深層涵義與功能。

2. 引導參與者的注意力

請會議主持人引導讓參與者依照自己頭上思考帽的顏色，進行角色定位，並提醒參與者要盡量去除個人慣性思維，學習換位思考，聚焦問題，將想法敘述出來。

3. 全心投入當下顏色思維

戴上某顏色思考帽代表換上某種思維方式，在會議中戴上不同顏色思考帽，也是直接昭告在場參與會議的夥伴「我現在的腦袋瓜思維方式屬於哪一類」，因此在戴上某顏色思考帽時，就要全神貫注在那個顏色的思維狀態，才能確實發揮思考帽的效能。

4. 小組討論時每階段每人戴同一顏色帽子

　　小組組員一起開會思考，是想藉由集思廣義解決問題，不過每個人注意力與慣性思維都不同，因此需要暫時利用六頂思考帽，讓思考聚焦，把大家的注意力引導到同一個方向上。

　　如何以六頂思考帽讓集體思維發揮效益，就需要每位組員分成幾個階段進行思考，且每一階段先同時戴同一頂帽子，以相同的思維方式思考問題，讓每位夥伴、每階段都在同一個觀點跟角度上看待問題，才不會發生針鋒相對或牛頭不對馬嘴的窘境，也可以避免不必要的爭執！

5. 不一定要每一頂思考帽都要用到

　　不論是個人在思考一個問題，或是一個部門舉行會議，必須針對問題特性及當時情況，選擇適合的顏色思考帽，若問題不適合、時間不夠用、情況不允許時，可以選擇較適合的幾種顏色思考帽進行創意思考即可，不一定要使用全部思考帽。

6. 思考帽的組合與使用順序

　　思考帽的組合與進行順序是一門學問，用六頂思考帽解決一個難題時包含著：討論問題、發掘創意、裁定決策，每個環節都不能輕忽，都是關係著問題能否成功解決的關鍵因素。

　　不同顏色思考帽的功能性不同，產生出來的結果也不一樣，因此不同顏色的思考帽組合出來的效果也不同，現在舉幾個例子看如何針對不同性質問題組合出不同顏色、不同順序。

(1) 議題性質：找出創新點子、開發新產品

　　思考帽組合與順序：藍帽、綠帽、紅帽、藍帽

① 會議主席先用藍帽判斷議題性質、參與成員狀況、要達成什麼目標。
② 若會議成員有很多大膽、創新想法，就用綠帽鼓勵大家拋出所有創新想法。

③ 若會議允許成員大方表達感受，就用紅帽鼓勵大家針對上述所有創新想法表達真實情緒、感受。

④ 會議主席戴上藍色思考帽，綜合前面流程、意見後，做出會議結論，根據議題做出決策。

(2) 議題性質：解決問題、擬定決策

> 思考帽組合與順序：藍帽、黑帽、白帽、黃帽、綠帽、藍帽

① 會議主席先用藍帽判斷議題性質、參與成員狀況、要達成什麼目標。

② 請會議成員戴上黑帽思考如果問題不處理會產生什麼負面影響。

③ 請會議成員戴上白帽，一起蒐集客觀數據、證據，客觀、理性分析問題的真實狀態。

④ 請會議成員戴上黃帽，一起正面思考問題解決的方向與可能性。

⑤ 請會議成員戴上綠帽，鼓勵大家拋出大膽、創新想法。

⑥ 會議主席戴上藍色思考帽，綜合前面流程、意見後，做出會議結論，根據議題做出決策。

(三) 範例

1. 接觸到COVID-19確診者，接到隔離通知心情很糟，用六頂思考帽梳理情緒

紅色思考帽

當下最真實的感受及反應

(1) 衰爆了！
(2) 都是那個某某某害我的！
(3) 太可惡了！

白色思考帽

中立客觀蒐集資訊、分析事實

(1) 我哪一天的足跡和確診者重疊？
(2) 從被隔離那一天到現在我身體上起了哪些變化？
(3) 我被隔離幾天了？今天的體溫多少？

黃色思考帽

樂觀、正面思考事情，找出可取之處

(1) 被隔離這段時間可以享受一個人的假期，利用這段時間好好休息。
(2) 幸好網路發達、遠距教學技術成熟，被隔離時學習、工作一樣可以進行。
(3) 剛好有買疫苗險，因為被隔離發了一筆小財。

黑色思考帽

謹慎評估，找出可能發生問題之處

(1) 在被隔離期間真的確診了！
(2) 在被隔離期間功課、工作、人際關係上出現意外，無法及時處理，造成更大的損失。
(3) 買了疫苗險卻被告知程序不符合相關規定，沒拿到理賠金。

綠色思考帽

用創意點子構想新的解決
辦法

(1) 思考如何在防疫小套房運動健
身。
(2) 在被隔離期間構思並進行一場
線上才藝表演派對。
(3) 思考如何在重重防疫規定下，
讓伴侶也能感受到自己對他實
質的照顧。

藍色思考帽

綜觀全局，做出最適合的
決策

(1) 我剛被隔離，頭腦一片混亂，
應該先輪流使用各種思考帽想
想自己目前是什麼處境。
(2) 我經常用黃色思考帽，現在應
該用黑色、白色思考帽了。
(3) 坐而言不如起而行，我已經輪
流用過六頂思考帽了，現在我
的結論是……，我目前該做的
事是……。

2. 牛仔褲的誕生

　　牛仔褲的發明與美國淘金熱潮相關。1850年美國西部發現了大片金
礦，激起一群幻想一夜致富的人滿腔的熱情與希望，蜂擁到了這塊曾經荒
涼的不毛之地，做著淘金夢。

　　1853年，淘金熱達到顛峰，李維‧斯特勞斯 (Levi Strauss) 雖然從事
紡織品生意，卻也搭上淘金列車來到舊金山，看看人生是否有新契機。

　　克服漫漫長路艱辛的旅程，李維來到美國舊金山，他發現淘金人群窩
在一個個小小的帳篷裡，就連買個日用品也需要一趟遠程奔波。

　　於是李維想到自己可以做日用品買賣生意，但是自己帶來的錢有限，
該進哪些貨物呢？如果屯積太多貨物賣不出去，現金軋不過來，可能會血
本無歸呀！

　　他外出採購了許多日用百貨和一大批可用來搭帳篷的帆布，果然日用

百貨很快被搶購一空，但帆布卻沒人理會，他只能靠自己高聲叫賣來推銷帆布，成效卻不如預期。直到一位淘金工人迎面走來，李維觀察到工人身上的褲子破破爛爛，還有很多縫縫補補的痕跡，李維和工人熱絡地閒聊，並仔細詢問褲子的事。工人告訴他淘金工作經常需要與石頭、砂土磨擦，棉布做的褲子幾天就磨破了。李維靈機一動，想著：「如果用這些厚帆布做出褲子，一定結實耐磨，工人的難題不就解決了！」

李維再花一些時間透過觀察、詢問後，設計出適合淘金者堅韌、耐磨、耐髒汙的衣褲，並發揮自己紡織業專長，大量生產藍色的粗斜紋布和改良帆布，以符合大量的淘金客使用。

1872年，有個叫傑克布‧戴維斯 (Jacob Davis) 的裁縫師，是李維布料愛用者，他嘗試在藍色粗斜紋布和帆布上縫製了馬鞍褥的銅鉚釘，完成了獨特的齊腰工作褲，這種工作褲不但堅韌耐磨好穿，又有一種粗獷的時髦味道。

申請專利需要花68美元，這筆錢讓傑克布有些為難，但他判斷這種獨特的工作褲製作法會在淘金圈大為流行，於是他想到一個主意，找上游廠商李維合作，他提議讓李維來支付這筆專利費用，利潤則由兩人對半共享。

1873年以「馬鞍褥的銅鉚釘加固口袋的方法」專利獲准，不久後，李維在舊金山開設工廠，生產藍色工作褲，並命名為牛仔褲。因為這款特殊工作褲耐穿、方便又能展現個性，很快地從淘金工人的工作褲，躍升為美國民眾喜歡的日常服裝，但上流社會卻仍舊對這款工作褲採取輕蔑和抵制的態度，認為它是「低下階級」的穿著，難登大雅之堂。

直到李維的兒子繼承公司，運用廣告及好萊塢影星、西部牛仔影片，以各種代言、宣傳方式為工作褲發聲，終於把低階工作褲形象，成功翻轉，成為時尚代言的牛仔褲，並普及於全世界，牛仔褲已成為當今世人日常的穿著。

用六頂思考帽分析李維製出牛仔褲過程

紅色思考帽

當下最真實的感受及反應

激起了一群幻想一夜致富的人滿腔的熱情與希望。

白色思考帽

中立客觀蒐集資訊、分析事實

他發現淘金的人群蝸居在一個個帳篷裡，這些淘金客買日用品需要一趟遠程奔波。

黃色思考帽

樂觀、正面思考事情，找出可取之處

搭上淘金列車來到舊金山，看看人生是否有新契機。

黑色思考帽

謹慎評估，找出可能發生問題之處

如果屯積太多貨物賣不出去，現金軋不過來，可能會血本無歸呀！

綠色思考帽

用創意點子構想新的解決辦法

靈機一動，想著：「如果用這些厚帆布做出褲子，一定結實耐磨，工人的問題不就解決了！」

藍色思考帽

綜觀全局，做出最適合的決策

再花一些時間透過觀察、詢問後，設計出適合淘金者能穿著的堅韌、耐磨、耐髒汙的衣褲，並發揮自己紡織業專長，大量生產藍色的粗斜紋布和改良帆布，以符合大量的淘金客使用。

課堂作業

請反推傑克布與李維的合作過程中可能使用了哪幾種思考帽？
（六頂思考帽要選幾種顏色、順序如何安排，由小組自行判斷）

紅色思考帽

當下最真實的感受及反應

黑色思考帽

謹慎評估，找出可能發生問題之處

白色思考帽

中立客觀蒐集資訊、分析事實

綠色思考帽

用創意點子構想新的解決辦法

黃色思考帽

樂觀、正面思考事情，找出可取之處

藍色思考帽

綜觀全局，做出最適合的決策

二、存證信函

　　一般民眾聽到「存證信函」一詞都覺得是法律專業文書，應該和日常生活有一段距離，其實在我們生活中難免會遇到一些麻煩或糾紛，涉及自身權益時，我們應該學習透過相關法律及應用文書來伸張自己的權益，學會存證信函寫作就是有效伸張自身權益的第一步。

(一) 內容介紹

1. 藉由郵局證明收發信日期

　　存證信函與法律條文及應用文書密切相關，必須藉由郵局證明確實有此一信件內容，且有準確地發信日期、收信日期。若只是寄送一般信件給對方，沒有透過第三人做證，對方有推託空間，說自己並未收到信件，或寄送時發生其他問題等等，為了避免上述狀況，就可藉由寄送存證信函的方式。

　　存證信函一式三份，一份透過郵局寄給對方，一份自己留存，另一份由郵局幫忙存證。依郵件處理規則第34條規定，留存於郵局的存證信函副本，由郵局保存3年，從交寄日那天算起，期滿後由郵局銷燬。

2. 保留證據作為日後訴訟準備

　　訴訟時法官強調實質證據，而書面文字證據又比口頭話語證據更有效力，也更正式。寄出存證信函主要在告訴對方：「已確實告知自己準備走法律訴訟程序」、「要保留做為日後法律訴訟的證據」。

3. 存證信函效能有其侷限性

　　存證信函只能證明發信人在信中確實表達、伸張了一些事項與要求，而且收信者確實收到了信件，但不能保證發信者確實能得到信中自己所伸張的權利，也不能代表收信者收到信後，就必須承擔起信中所要求的事項。

(二) 與法律相關部分

　　存證信函在民事訴訟法的第136條有相關解釋與裁判。主要是作為法律上「證據保存」、「告知（一般告知、催告、解約）」及「防範未然」三種功用。

1. 適用時機

　　最常運用於解除契約、終止契約，明確表示我方之撤銷、承認、抵銷等意思。

2. 證明時效

　　雙方是否遵守時效，是法律重視的要件之一。而存證信函能充分證明寄件人何時發信，郵局何時將信函送達，因此「存證信函」可發揮出強大的證據功能。

3. 防患未然

　　無論是民事或刑事案件，在正式走法律途徑前，只要當事人能在正確時間點寄出存證信函，不管是通知、催告或警告對方，都能發揮一定效果，讓對方不敢再意氣用事、恣意妄為，或使原來存有僥倖心態的人有所收斂，透過理性對話達成協議或是履行應盡義務，免除一場又一場勞民傷財的漫長訴訟！

(三) 如何寫存證信函

1. 向郵局購買或到網站下載存證信函用紙

　　傳統上是由當事人（寄件人）向郵局購買存證信函用紙，一式最少要三份。（寄件人、收件人、郵局三方各一份，若收件人人數不只一人即可增加份數），增加的份數每份存證費用會減半。現在是網際網路時代，郵局有便民服務直接上郵局網站，就可以下載存證信函表格，依照表格填寫即可。

■郵局網站

https://www.post.gov.tw/post/internet/Download/index.jsp?ID=220301

■存證信函格式

郵 局 存 證 信 函 用 紙

（寄件人如為機關、團體、學校、公司、商號請加蓋單位圖章及法定代理人簽名或蓋章）

一、寄件人　姓名：　　　　　　　　㊞
　　　　　　詳細地址：

二、收件人　姓名：
　　　　　　詳細地址：

三、副 本　姓名：
　　收件人　詳細地址：

（本欄姓名、地址不敷填寫時，請另紙聯記）

格行	1	2	3	4	5	6	7	8	9	10	11	12	13	14	15	16	17	18	19	20
一																				
二																				
三																				
四																				
五																				
六																				
七																				
八																				
九																				
十																				

本存證信函共　　　頁，正本　　　份，存證費　　　元，
　　　　　　　　　　　副本　　　份，存證費　　　元，
　　　　　　　　　　　附件　　　張，存證費　　　元，
　　　　　　　　　　　加具正本　　份，存證費　　元，
　　　　　　　　　　　加具副本　　份，存證費　　元，合計　　元。

經　　　　郵局　正
　年　月　日證明　副　本內容完全相同
　　　　　　　　　　　　　　　經辦員　　　㊞
　　　　　　　　　　　　　　　主管

粘　　　貼

郵　票　或
郵　資　券

處

備註

一、存證信函需送交郵局辦理證明手續後始有效，自交寄之日起由郵局保存之副本，於三年期滿後銷燬之。

二、在　　頁　　行第　　格下　增刪　　字（如有修改應填註本欄並蓋用寄件人印章，但塗改增刪每頁至多不得逾二十字）

三、每件一式三份，用不脫色筆或打字機複寫，或書寫後複印、影印，每格限書一字，色澤明顯、字跡端正。

騎縫郵戳　　　　　　騎縫郵戳

資料來源：https://www.post.gov.tw/post/internet/Download/index.jsp?ID=220301

2. 清楚表達事件、提出具體要求及合理時限

(1) 用5W先列出重點

　　以存證信函證明自己意思時，一定要明確表達自己訴求的內容，可以先列出5W，讓自己在文字敘述時更正確清楚，避免疏漏：Who（當事人）、When（發生時間）、Where（發生地）、Why（事實為什麼變這樣）、What（自己的訴求）等重點。

(2) 明確給出時限

　　在When上要明確給出時限，請對方在時限內完成，信函內容應提到：「限臺端（對方）於○年○月○日前解決……，否則……」或「限臺端於文到後○日內予以處理，否則……」。（以7至10日為合理時日。否則……：須具體表達訴求。）

(3) 提出具體要求

　　在What上，寄件人（己方）一定要清楚寫明「目的」：要求對方應該以合理的方式解決問題，如解除契約、修繕工程、還款、給予補償金等。

(4) 塗改增刪有特別要求

　　存證信函無論是正副本文字，若需要修改或增刪，每頁不能超過20個字，且必須在文末註明「在某頁某行第幾格下塗改增刪若干字」字樣，還要加蓋寄件人印章。

(5) 多方檢查確認後蓋章

　　寫完後，自己檢查後再多拿給幾個人看看，如果大家看過都能瞭解內容，那應該就沒問題了，就可以簽名或蓋章。

3. 至郵局寄信函注意事項

　　書寫完存證信函後至郵局以雙掛號寄發前，郵局承辦人員會從形式上幫忙檢查，如：寫作格式、用印、日期等部分，若檢查無誤後即協助以雙掛號寄發。最後郵局會開立寄信收據，幾天後還會收到郵局寄送的「回執

證明」明信片,這些都需和自己持有的那一份存證信函一起妥善保存。

(四) 範例

房客違約擅自拆除、改裝房屋,房東如何寫存證信函?

郵 局 存 證 信 函 用 紙

	1	2	3	4	5	6	7	8	9	10	11	12	13	14	15	16	17	18	19	20
一	敬	啟	者	:																
二	(	一	)	緣	本	人	為	台	中	市	○	○	路	○	段	○	○	號	七	樓
三	房	屋	所	有	權	人	,	於	民	國	一	百	一	十	年	十	一	月	一	日
四	與	台	端	簽	訂	房	屋	租	賃	契	約	,	租	期	一	年	,	每	月	租
五	金	一	萬	兩	千	元	,	並	經	法	院	公	證	,	雙	方	約	定	不	得
六	轉	租	、	分	租	,	亦	不	得	未	經	允	許	自	行	裝	修	,	且	應
七	按	期	支	付	租	金	。	詎	本	人	於	一	百	年	十	二	月	份	向	台
八	端	收	取	租	金	時	,	竟	發	現	台	端	擅	自	拆	除	屋	內	原	有
九	之	隔	間	牆	,	並	增	設	一	處	出	入	門	。						
十	(	二	)	本	人	曾	於	一	百	一	十	一	年	二	月	十	五	日	曾	多

郵局存證信函用紙

正本	郵局	（寄件人如為機關、團體、學校、公司、商號請加蓋單位圖章及法定代理人姓名及蓋章）姓名：　　　印
副本		一、寄件人　姓名：　詳細地址：
存證信函第　　號		二、收件人　姓名：　詳細地址：
		三、副本收件人　姓名：　詳細地址：
		（本欄姓名、地址不敷填寫時，請另紙附記）

格／行	1	2	3	4	5	6	7	8	9	10	11	12	13	14	15	16	17	18	19	20
一	次	以	電	子	郵	件	告	知	，	希	望	台	端	出	面	商	討	如	何	恢
二	復	原	狀	未	果	。	為	維	本	人	法	律	權	益	，	本	人	今	特	發
三	函	台	端	，	表	明	本	人	從	未	同	意	台	端	擅	自	拆	除	及	裝
四	修	行	為	，	故	本	人	依	據	同	契	約	第	○	條	約	定	依	法	終
五	止	租	約	，	並	請	求	恢	復	房	屋	原	狀	後	交	還	房	屋	及	給
六	付	所	欠	租	金	。														
七																				
八	（	三	）	請	台	端	於	函	到	十	日	內	給	付	所	欠	租	金	及	約
九	定	還	屋	時	間	，	以	俾	免	訴	累	。								
十																				

本存證信函共　　頁　正本　　份，存證費　　元，
　　　　　　　副本　　份，存證費　　元，
　　　　　　　附件　　張，存證費　　元，
　　　　　加具正本　　份，存證費　　元，
　　　　　加具副本　　份，存證費　　元，合計　　元。

經　　郵局
　年　月　日證明正本內容完全相同　　郵戳　　經辦員　　主管　印

黏貼　郵票或　郵資券　處

備註：
一、存證信函需送交郵局辦理證明手續後始有效，自交寄之日起由郵局保存之副本，於三年期滿後銷毀之。
二、在　頁　行第　格下增刪　字（樣註：如有修改應填註本欄並蓋用寄件人印章，但塗改增刪每頁至多不得逾二十字。）
三、每件一式三份，用不褪色筆或打字機複寫，或者複寫後複印、蓋印，每頁騎縫處加蓋　章。如有修改應填註本欄並蓋用寄件人印章。

課堂作業

　　請撰寫一份存證信函，內容為租屋處（詳細地址）天花板有壞損，雨天會漏水，曾請求房東修繕卻遲不處理，限期函到7天內處理，否則將不付給房租，直到修復為止。

三、用六頂思考帽解決租屋糾紛

　　遇到租屋糾紛時，若對方涉及違法、違約時，透過寄發存證信函給對方，會是有效伸張自身權益的方法，但是最好不要一開始就使用這個具有殺傷力的方法，所謂「情理法」、「先禮後兵」。我們就試著先以六頂思考帽來思考問題該如何解決。

(一) 居住困擾狀況說明

　　將房屋租賃給房客黃先生，租期一年，雙方簽訂租賃契約一個月後，頻頻接到鄰居抱怨，黃先生一家人經常把垃圾堆放在自家大門走廊，不但有礙觀瞻、滋生蚊蟲，還影響走廊公共空間使用。鄰居請您解決問題。

(二) 決定使用思考帽的組合與順序

> 思考帽組合與順序：藍帽、黑帽、白帽、黃帽、綠帽、藍帽

順序	組合	
1	**藍色思考帽** 綜觀全局，安排與協調	(1) 邀請鄰居一起參與意見討論。 (2) 衡量諸多狀況，只有一週時間處理此事。
2	**黑色思考帽** 謹慎評估，找出可能發生問題之處	(1) 若無法處理好此事，告到管委會會更麻煩。 (2) 垃圾不處理會產生病媒蚊，讓住戶暴露在登革熱危險中。
3	**白色思考帽** 中立客觀蒐集資訊、分析事實	(1) 拍照蒐集租戶亂放置垃圾、違反租約設置隔間的證據。 (2) 查找亂丟垃圾、相關法源。
4	**黃色思考帽** 樂觀、正面思考事情，找出可取之處	(1) 還有一週處理事情，時間不會太急迫。 (2) 可以請鄰居協助蒐集證據，不用自己大老遠跑來，還不一定能蒐集到證據。

順序	組合
5	**綠色思考帽** 用創意點子構想新的解決辦法	(1) 以逸待勞：找鄰居蒐證、請管理員告知租戶。 (2) 循序漸進：先張貼公告於布告欄、再張貼字條。 (3) 遵循法規：寄存證信函告知租戶。
6	**藍色思考帽** 綜觀全局，做出最適合的決策	(1) 亂放置垃圾處理方式：以逸待勞、循序漸進。 (2) 違反租約設置隔間處理方式：寄存證信函。

(三) 決策與執行步驟

步驟一

請社區管委會查詢公寓相關管理法，並張貼公告，如下圖：

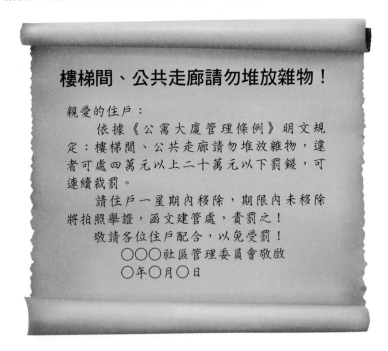

樓梯間、公共走廊請勿堆放雜物！

親愛的住戶：
　　依據《公寓大廈管理條例》明文規定：樓梯間、公共走廊請勿堆放雜物，違者可處四萬元以上二十萬元以下罰鍰，可連續裁罰。
　　請住戶一星期內移除，期限內未移除將拍照舉證，函文建管處，責罰之！
　　敬請各位住戶配合，以免受罰！
　　　　　　○○○社區管理委員會敬啟
　　　　　　○年○月○日

步驟二

　　情況若無改善，則請鄰居一看到有垃圾堆放在走廊時，立即通知社區警衛，在垃圾上面貼放紅色警告單，並附上公告單。

步驟三

　　寫存證信函告知租戶，請他出面協調違約擅自將房屋隔間問題。

課堂作業

　　請小組依據上述議題，幫忙執行步驟三，參考存證信函寫作重點，擬一份寄給租戶黃先生的存證信函。

　延伸閱讀

1. 愛德華・狄波諾 (Edward de Bono) 著／許瑞宋譯《誰說輪胎不能是方形？：從「水平思考」到「六頂思考帽」，有效收割點子的發想技巧》，時報出版，（臺北市：2021年2月二版）。

2. 游敏傑《圖解實用民事法律》，書泉出版社，（臺北市：2020年11月二版）。

國家圖書館出版品預行編目（CIP）資料

創新思考與商業文書撰寫/莊銘國, 卓素絹著.
-- 三版. -- 臺北市：五南圖書出版股份有
限公司, 2022.10
　面；　公分
ISBN 978-626-343-414-1(平裝)

1.CST: 企業管理 2.CST: 創造性思考 3.CST:
企劃書

494.1　　　　　　　　　　111015555

1FOB

創新思考與商業文書撰寫

作　　　者－莊銘國、卓素絹

發 行 人－楊榮川

總 經 理－楊士清

總 編 輯－楊秀麗

主　　　編－侯家嵐

責 任 編 輯－吳瑀芳

文 字 校 對－張淑端

封 面 設 計－王麗娟

內 文 排 版－張淑貞、賴玉欣

出 版 者－五南圖書出版股份有限公司

地　　　址：106台北市大安區和平東路二段339號4樓

電　　　話：(02)2705-5066　　傳　　真：(02)2706-6100

網　　　址：https://www.wunan.com.tw

電子郵件：wunan@wunan.com.tw

劃撥帳號：01068953

戶　　　名：五南圖書出版股份有限公司

法律顧問：林勝安律師事務所　林勝安律師

出版日期：2016年 9 月初版一刷
　　　　　2019年 5 月二版一刷
　　　　　2022年 9 月二版四刷
　　　　　2022年10月三版一刷

定　　　價：新臺幣490元

經典永恆・名著常在

五十週年的獻禮 —— 經典名著文庫

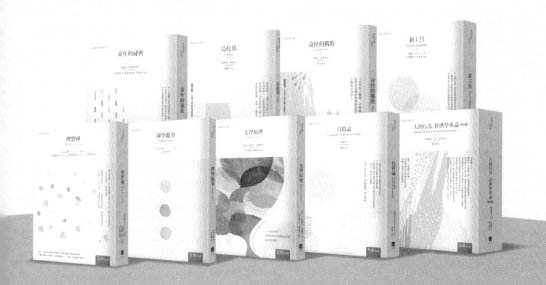

五南，五十年了，半個世紀，人生旅程的一大半，走過來了。

思索著，邁向百年的未來歷程，能為知識界、文化學術界作些什麼？

在速食文化的生態下，有什麼值得讓人雋永品味的？

歷代經典・當今名著，經過時間的洗禮，千錘百鍊，流傳至今，光芒耀人；

不僅使我們能領悟前人的智慧，同時也增深加廣我們思考的深度與視野。

我們決心投入巨資，有計畫的系統梳選，成立「經典名著文庫」，

希望收入古今中外思想性的、充滿睿智與獨見的經典、名著。

這是一項理想性的、永續性的巨大出版工程。

不在意讀者的眾寡，只考慮它的學術價值，力求完整展現先哲思想的軌跡；

為知識界開啟一片智慧之窗，營造一座百花綻放的世界文明公園，

任君邀遊、取菁吸蜜、嘉惠學子！